狭山丘陵に河童の住む里川をつくる

北川コモンズの再生と市民の物語

清水　淳

目　次

Ⅲ章　里川の復元

Ⅳ章　北川コモンズを次の世代へ

はじめに

私の家は、父の代から狭山丘陵の大きな谷戸に源を発する「北川」のほとりに建っていた。かすかに記憶に残る子どもの頃（一九六〇年頃）の北川は、透き通った水が流れ、心地よいせせらぎの音を聞くことができる川だった。川では小さな魚がたくさん泳ぎ、ホタルも舞っていた。家の周辺の北川流域（注1）には、二つの尾根の間に水田や畑、雑木林などといった、のどかな風景が広がっていた。

しかし、一九六〇年代に入った頃から、田や畑、雑木林だったところで住宅地開発が始まった。そして、川の護岸のコンクリート化が進み、公共下水道の整備前だったことから家庭内の雑排水が川に直接流れ込み、川の水は汚れてドブ川と化していった。また、湧水を貯めた池からの用水路は暗渠となり、水田の面積も少なくなっていき、川で魚とりをすることも、ホタルを見ることも少なくなってしまった。市民は川に背を向けた生活をするようになり、水田やホタルが舞う景色も忘れられかけようとしていた。

狭山丘陵の雑木林や水田などの身近な自然を守っていくことについて、市民が関心を寄せ始めたのは、一九七〇年代に入ってからである。開発の圧力から雑木林や水田などの二次的な自然を守っていくために、東京都側では行政主導で都立公園や市立公園としてこれらの自然を守っていく道筋がつけられた。北川流域では、その後一九九〇年代になって、身近な自然を守る市民意識の高まりを背景に、市民による里川保全運動が始まり活発化していった。里川保全運動をめぐっては、一九九〇年代の前半、今となっては考えられない話だが、市民活動団体や一般市民（以下、「市民側」）と東村山市（以下、「市」）との深い対立を招いたものの、一九九〇年代の後半になると市民側と市との対話が進む結果となった。そして、市民側と市などの関係者が北川や市立北山公園（以下、「北山公園」）の整備や環境保全対策などについて話し合う場が設置された。その場では、公共事業の計画、設計、施工の意思決定への市民参加が進み、北川では二〇〇四年にコンクリート護岸が剥がされて草地の自然護岸が復元し、二〇〇五年には落差工（小さなダム）に魚道が設置され、一部分ではあるが里川が復元した。一九八八年の里山をテーマにしたアニメ映画『となりのトトロ』の大ヒット、一九八〇年代末に発生した長良川河口堰反対運動を契機とした公共事業の意思決定への市民参加の要求という二つの動きが、里川の復元に大きく作用していくこととなったのである。

さらに、一九九〇年代後半に本格的に始まったこれらの里川の復元への動きと同時に、市民ボランティアが中心となった新たな里川づくりを目指す活動が広がっていった。たとえば、市民側と市の協働での北川の川そうじの実施や、北山公園や北川を舞台としたわんぱく夏まつりの開催、最近では外来生物の捕獲を中心とした生物多様性の保全活動の実施、市民ボランティアによる田んぼでの稲作活動の実施などが見られる状況にまでなってきた。これらの活動を続け、拡大していくことは、今後の地域のコミュニティ再生や生物多様性の保全に向けて大きな力を発揮することになり、さらに市民が北川流域の自然を主体的に共同管理することにより、市民自らが利用し便益を受ける仕組みが拡大していくことが期待される。

本書の執筆の動機は、なぜ北川で里川保全運動が発生し、展開していくことになったのか、さらにはその経緯を踏まえて新たな里川づくりの道筋をどう考えればいいのかまとめてみたかったことにある。さらに、里川保全運動は多くの市民の熱い思いにより支えられてきたのであり、それらの市民の姿を伝えたいと考えたのである。

ところで、「里川」という言葉は一般には聞き慣れないかもしれない。実はこの言葉は、古くは田山花袋の『田舎教師』（一九〇九年）や『東京の三十年』（一九一七年）などにも登場する言葉である（注2）。この中で里川という言葉は、集落や田畑の近くを流れる人々の生活と一体化した川、人々の暮らしと密接に関わりのある川、という意味合いで使われている。この意味合いでは、唱歌「春の小川」のモデルとなったという説がある東京都渋谷区の河骨（こうほね）川も昔は里川だったと考えられる。その後二〇〇〇年頃になって、本のタイトルに「里川」を含んだものが散見されるようになったが（注3）、ここでの意味合いも田山花袋のそれと同様な意味合いを含みつつも、河川改修や川の水質悪化に伴い、人々から遠ざかってしまった川を見つめ直し、市民にとって身近な川を模索し、再生させていきたいという気持ちも含まれるように変化してきているのではないかと思われる。

北川流域では、一九六〇年頃以前は、里川がいくつかの集落を縫って流れ、川の水は生活用水、農業用水、子どもの遊び場などとして利用され、人々の暮らしは里川を中心に展開されてきていた。一方、一九九〇年頃以降は、人々が川に対して、川と豊かに接し、自由に使用し、人間性を回復していくような姿としての里川の復活を求めるようになった。本書では、北川流域で一九九〇年代以降に始まった里川を復元させる運動について、いったん人々から遠ざかってしまった里川を甦らせるために、市民がどのように模索し復元させてきたのか、さらに昔とは異なる市民ボランティアを主体とした新たな里川づくりに、どう取り組んできたのかという視点からまとめてみた。なお本書では、里川を川だけの狭義でとらえず、水路や池、水田、湿地なども含めての広義の里川空間としてとらえている。

里川での昔の生活を踏まえつつ、これからの里川の姿を模索していくにあたっては、「コモンズ」という言葉がキーワードになると思われる。

私自身、その雑木林や田畑がどんなに地域の豊かな自然資源であったとしても、その土地の所有権が民有の場合にはその土地利用は所有者の意思により決定することができることから、その資源が次々と宅地化されて雑木林や田畑の面積の減少や里川の改変につながる多くの事例を見てきた。一方、市有地などの公有地の場合には、行政の意思決定に市民の意向が反映されない事態が発生しうることも見てきた。北川流域では一九六〇年頃以前、住民が自らの生活を守っていくために、関係者で里川という地域の資源の管理を共同で行い、利用し便益を受けるという、コモンズが存在していた。しかし、今では都市化が進み、地域のコミュニティが希薄となってしまい、里川という資源の管理を共同で行い、利用し便益を受けることなどは忘れ去られてしまった。では、どうすれば里川という地域の資源を持続可能な形で守っていくことができるのか？このようなことを思い悩んでいるうちに、ＮＰＯや地域コミュニティなどによる公有地や民有地などの共同管理と利用、便益の可能性、すなわち時代に合った形でコモンズを再生していく事例を知り、北川流域でも新しい形のコモンズを再生していくことができるのではないかと感じるようになった。北川でのコモンズの再生については、すでに一部で試行的な取り組みが始まっているが、現時点での取り組みを点検した上で、さらにどのような可能性があるのか考えてみたいと思った。

コモンズという用語の意味については、様々な議論があるものの、本書ではコモンズについて、環境社会学者の井上真が言う「自然資源の共同管理制度、及び共同管理の対象である資源そのもの」、「資源の所有にはこだわらず、実質的な管理（利用）が共同で行われているもの」（井上真「自然資源の共同管理制度としてのコモンズ」『コモンズの社会学』新曜社、二〇〇一年、11〜12ページ）で考えたい。

井上は、それまでのコモンズでなされてきた議論が、公的所有制度や私的所有制度だけでなく、共的所有制度も検討の対象となってきていたことを指摘し、これらはいずれも所有と利用・管理が一致していることが前提だったものを、管理（利用）を中心としてコモンズを考えることを提起している（同書14〜15ページ）。本書でも、この考え方を援用し、検討していくこととした。すなわち、公有地であろうが私有地、共有地であろうが、誰が管理（利用）しているのかという視点を重視したのである。そして、コモンズを現代的な意味で再生させていくことについて、市民による資源の利用管理を、持続的な資源利用や民主的決定といった視点からとらえ直していこうと考えた。そのために、時代に合った新たな形での里川の共同管理システム（北川のコモンズ）を「北川コモンズ」と名付け、北川コモンズの現在位置を確認した上で、今後目指すべき方向を整理しまとめていくこととしたのである。北川コモンズの再生は、現在進行形である（図1参照）。

里川保全運動は、同じ時代の狭山丘陵の雑木林などの保全を目指した里山保全運動と、どういう関係だったのか。里山保全運動は、廣井敏男（植物生態学者、東京経済大学名誉教授、一九三三～二〇一七年、以下、「廣井」）の「社会化された自然思想」の影響を強く受けている。社会化された自然思想とは、「雑木林などの二次的な自然には、人間が利用するから価値があること、個々の生物や生態系にも価値があることを前提に里山の自然を保全していくことが重要である」という考え方である（注4）。はたしてこの思想と里川保全運動との関係性はどうだったのか、併せて考えていくこととしたい。

（注1）北川に雨水が集まる土地の範囲のこと。
（注2）田山花袋（一九〇九）『田舎教師』の12、15、17の各章に、同（一九一七）『東京の三十年』の「田舎教師」の章に「里川」の記述がある。
（注3）鳥越皓之・嘉田由紀子・陣内秀信・沖大幹編（二〇〇六）『里川の可能性』新曜社、井出彰（一九九八）『里川を歩く』風濤社など。
（注4）詳細は拙著（二〇二三）『狭山丘陵を守った男　フィールドサイエンティスト廣井敏男の軌跡』けやき出版を参照。

図1

里川の変遷（北川の例）

1960年頃以前

・里川（本川）は、いくつかの集落を縫って流れる川
・里川を中心に農地や集落が続く風景、唱歌「春の小川」の世界
・人々の暮らし（生活用水、農業用水、子どもの遊び場など）は里川を中心に展開
・ため池や用水、川、水田等の共同管理を行い便益を受けるというコモンズが成立

高度経済成長期

・都市化による河川改修、家庭雑排水の川や用水等への流入による里川の喪失、里川（本川）の中心性の喪失
・コモンズの喪失

1990年頃以降

・人々が川と豊かに接し、自由に使用し、人間性を回復していくような里川の復元を目指す運動が発生
・里川に接する人々が、里川の水辺空間、親水空間の復元や親水活動、生物多様性の保全活動等を実施し、新しい里川管理システム＝北川コモンズをつくり上げる活動を模索

（注）里川とは、川だけの狭義でとらえず、水路や池、水田、湿地等も含めての広義の里川空間としてとらえることとした

Ⅰ章　昔の里川風景

一、北川のプロフィール

狭山丘陵一帯は、水の少ない武蔵野台地の中では水が豊富にあり、湧き出た水は川となって流れて人々の生活を支えてきたことから、古くから多くの遺跡が発見されている。狭山丘陵の内部には西から東に向かう二つの大きな谷が存在し、その谷では縄文時代より定住生活をしていた痕跡が残る。その南側の谷には、北川（源流部は宅部（やけべ）川と呼ばれていた）が流れている。その上流側には一九二七年に東京市（当時）の人口増加に対応するための村山貯水池（多摩湖）が完成したことにより、現在の北川は下貯水池の堰堤の下流側に流域面積が縮小した川となってしまった。現在の北川は、下貯水池の堰堤下に源を発し、東村山市内を流下し、同じく狭山丘陵を源とする前川を合流した後、柳瀬川に合流する延長が約3．3キロの準用河川（注5）である（図2、写真1参照）。その柳瀬川は新河岸川、隅田川を経て東京湾に流下する。

北川流域では、村山貯水池ができるまで、その流域の全域で里川を中心とした生活が営まれていた。しかし、村山貯水池の完成により堰堤より上流側での生活は途絶えてしまったが、堰堤の下流側では、一九六〇年頃まで流域の湧水、水路、ため池、川、すなわち里川を中心とした生活が営まれていた。

図２　北川の場所

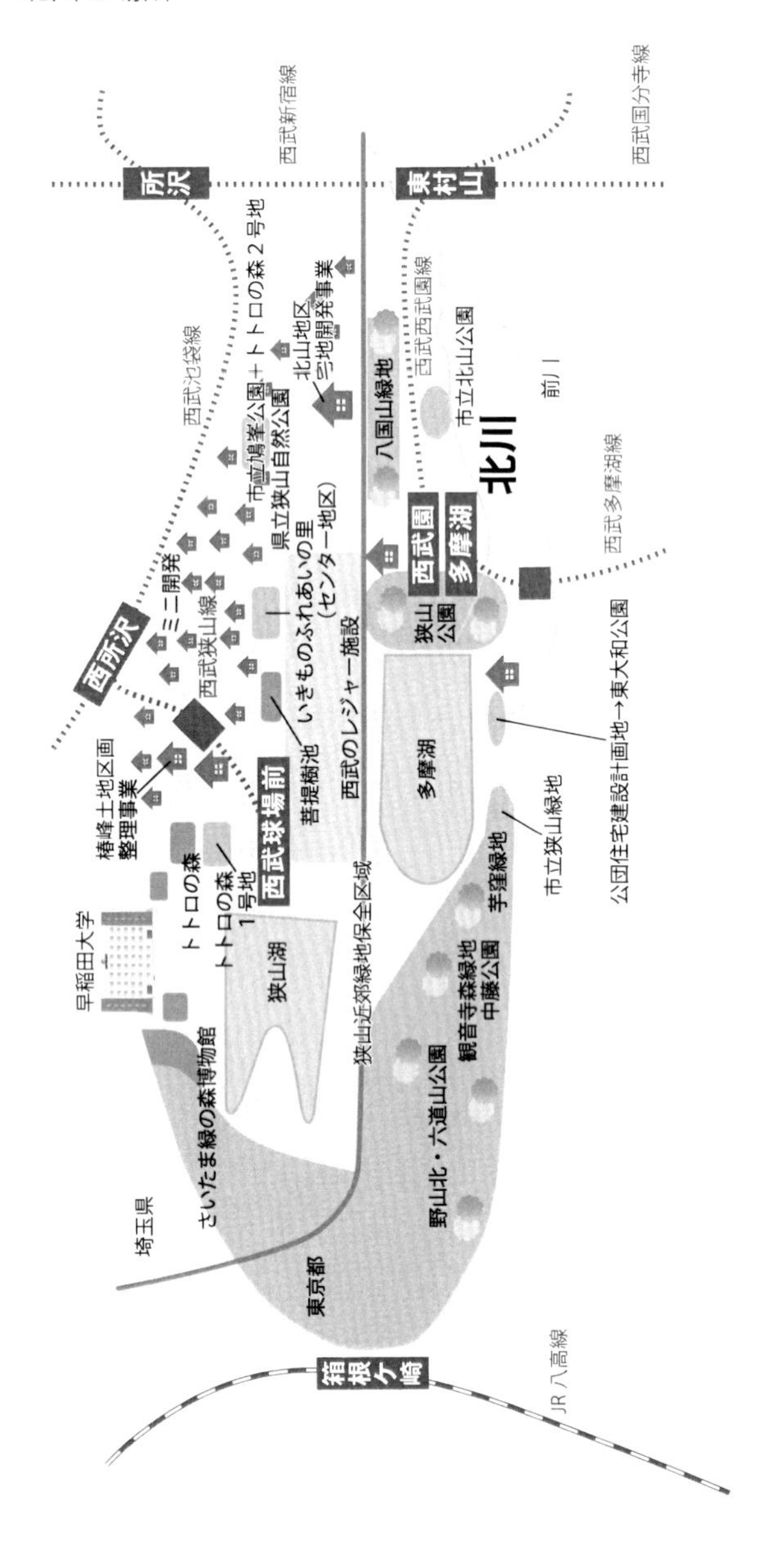

所沢
東村山
西武新宿線
西武国分寺線
西所沢
西武池袋線
西武狭山線
ミニ開発
市立鳩峯公園＋トトロの森２号地
県立狭山自然公園
北山地区
宅地開発事業
いきもののふれあいの里
（センター地区）
西武のレジャー施設
八国山緑地
西武西武園線
市立北山公園
前川
北川
西武園
多摩湖
西武多摩湖線
狭山公園
公団住宅建設計画地→東大和公園
多摩湖
市立狭山緑地
芋窪緑地
菩提樹池
西武球場前
椿峰土地区画整理事業
早稲田大学
トトロの森
トトロの森1号地
狭山湖
狭山近郊緑地保全区域
観音寺森緑地
中藤公園
野山北・六道山公園
さいたま緑の森博物館
埼玉県
東京都
箱根ケ崎
JR 八高線

写真１　北山公園付近を流れる北川

二、里川の原風景

北川流域での里川の原風景や昔のコモンズの状況を示す痕跡や記録は、断片的にではあるが存在している。

北川流域では旧石器時代以降の遺跡を確認することができるが、近年、東村山市内で縄文時代後期を中心とした下宅部(しもやけべ)遺跡が発掘されたことが特筆される。下宅部遺跡では、一九九五年～二〇〇〇年の調査で遺跡がまとまって出土した。ここからは、川魚を獲っていたことが想像される漁具(筌(うけ))や未完成の丸木舟、また川の水を遮る堰のような構造も見られ、これらは縄文人が川で魚を獲り、川の水を利用していた痕跡と思われる。また、下宅部遺跡では、主食的な食料としてのクリの利用跡や漁網の浮きとしてウルシ材の利用の他、増水した時に護岸や堤防にあたる水の流れが特に強くなる川の水衝部に多くのクリ材やウルシ材の木杭が設置されていたことが分かっている。クリやウルシの林は自然界には存在しないことから、これらの樹木は北川に隣接する丘陵地(八国山)で縄文人が二次林として管理することによって、維持されていたと考えられている。これらの作業は、生活用水や食料を得るために集団の中で労働を分担していたのではないかと思われ、集団で資源の共同管理を行って便益を受ける一種のコモンズが成立していたのではないかと推定される。

弥生時代になると稲作が始まるが、狭山丘陵では水田に適する狭い谷戸の湿地で稲作が行われていたと考えられている。弥生後期になると狭山丘陵でも集落が形成され、谷戸の水田経営が本格化したとされている。その後古墳時代になると、下宅部遺跡からは河道跡が発見されている。発見された河道の一部は幅3メートル、長さ約30メートルにわたって直線的なものとなっており、蛇行していた河道を直線的に改良した可能性が高いと考えられている。これらの水田経営や河道の改修作業も、集団の中で労働を分担して集団としての便益を受けていたのではないかと思われ、一種のコモンズが成立していたのではないかと推定される。

古代になると、北川流域でも日向北遺跡で竪穴住居跡が発掘され、北川に沿って小さなムラが点在していたことが分かる。その後、鎌倉時代になると狭山丘陵の東側、北川の下流を南北に突っ切る形で鎌倉街道（上道（かみつみち））が整備され、また北川や北川と同じく狭山丘陵に源を発し北川の南側を流れる前川流域では三光院や正福寺、徳蔵寺、梅岩寺などの寺院が建立された。また、仏教文化の伝播と共に板碑（石板状の石造塔婆）の建立が盛んに行われたが、板碑の分布はほぼ北川と前川流域に一致し、これらの流域に中心的な集落があったと考えられている。しかし、北川流域では、集落の住民が共同で里川での作業を行ったと推定することのできる痕跡や記録は見当たらない。

江戸時代になると、文献上で北川流域の様子を確認することができるようになる。江戸時代後期の天保年間の「廻り田村絵図（めぐりた）」によれば、川沿いに水田や畑が見られ、小さな谷戸には四つのため池が描かれ、その近くに集落があったことが分かる。この頃の稲作はため池の水を活用して行っていたと考えられる。これは、湧水が豊富な谷からの水を集めたため池の水を活用する方が、川に堰を掛けて水路で水を引くよりも少ない労力で水を確保することができたからだと推察されている。また、川から少し上がった台地上の土地では畑作が行われていた。

その後、明治時代の一八八二年測量の地図によれば、川沿いの低地には多くの水田が、湧水地周辺には多くのため池が、ため池から北川には用水路が見られる。北川流域では、文献での記録が残る江戸時代以降、土地利用があまり変わらない状況が続き、里川での作業や管理の多くを集落の住民が共同で行っていたものと思われ、コモンズが成立していたと推定される。

村山貯水池が完成した一九二七年当時、貯水池の湖底で暮らしていた人たち（貯水池完成当時二十〜三十歳代の方々）に対する調査結果によれば、里川の水を共同で管理し、便益を得ていた昔のコモンズの様子が分かる。当時、ため池からの便益を受ける農家が総出でかいぼりを行い、用水路を稲荷講の仲間で管理し、川の堰を村人総出で改修したなどの記録がある（図3

参照)。これらを管理することにより、米の収穫や魚の捕獲、生活用水の確保、また子どもたちへの遊び場の提供などの便益に結びついていたと思われる。これらのコモンズでは、自然資源にアクセスし共同管理していくことと便益を得ることが、地域内の一定の集団・メンバーに限定されていた。そして、そこには地域の住民が、自分たちで決めた一定のルールを基に共同で管理を行うコモンズを形成していたと思われる(図4参照)。

図３　昔の里川の利用と共同管理の状況

種類	用途、利用状況	管理状況
湧水とため池	・沢の多くは堤を築いてため池に（北川流域だけで 15 カ所確認することができる） ・ため池の水は主に干ばつ時の灌漑用 ・水遊びや魚とりなど子どもの遊び場 ・かいぼり時に捕獲した魚を食料に利用	・農閑期に仲間総出でかいぼりを実施
用水（堀）	・ため池の水を田に配水、川へ排水 ・沢の水は冷たいので、ため池からの迂回の水路をつくり、水温を高くしてから田に排水 ・用水を農家で洗顔、手洗い、洗濯に利用	・稲荷講の仲間で管理
川	・排水路としての利用が大部分だったが、上流部では堰（５カ所）が設置され、田んぼの灌漑用に利用 ・日常生活では川の水を使うことはあまりなかったが、子どもがナマズやウナギ、モクズガニなどを捕獲	・春に村の人総出で堰の改修を実施
水田	・川に近い低地部分を水田として利用 ・子どもたちがドジョウやタニシを捕獲	・共同苗代での育苗
井戸	・高台にあった家では、各戸に井戸があり、飲み水として利用	
（雑木林）	・雑木を利用して、炭焼きや薪作りに活用	

東大和市教育委員会（1989）『多摩湖の歴史』p216-288、
宮本八惠子（2019）『狭山湖―水底の村からの発信』p127-149 を基に作成

図４　昔の北川のコモンズ

・ため池（かいぼりの実施）
・用水や堀（修繕や清掃）
・川（堰の補修）
・水田（共同苗代での育苗）

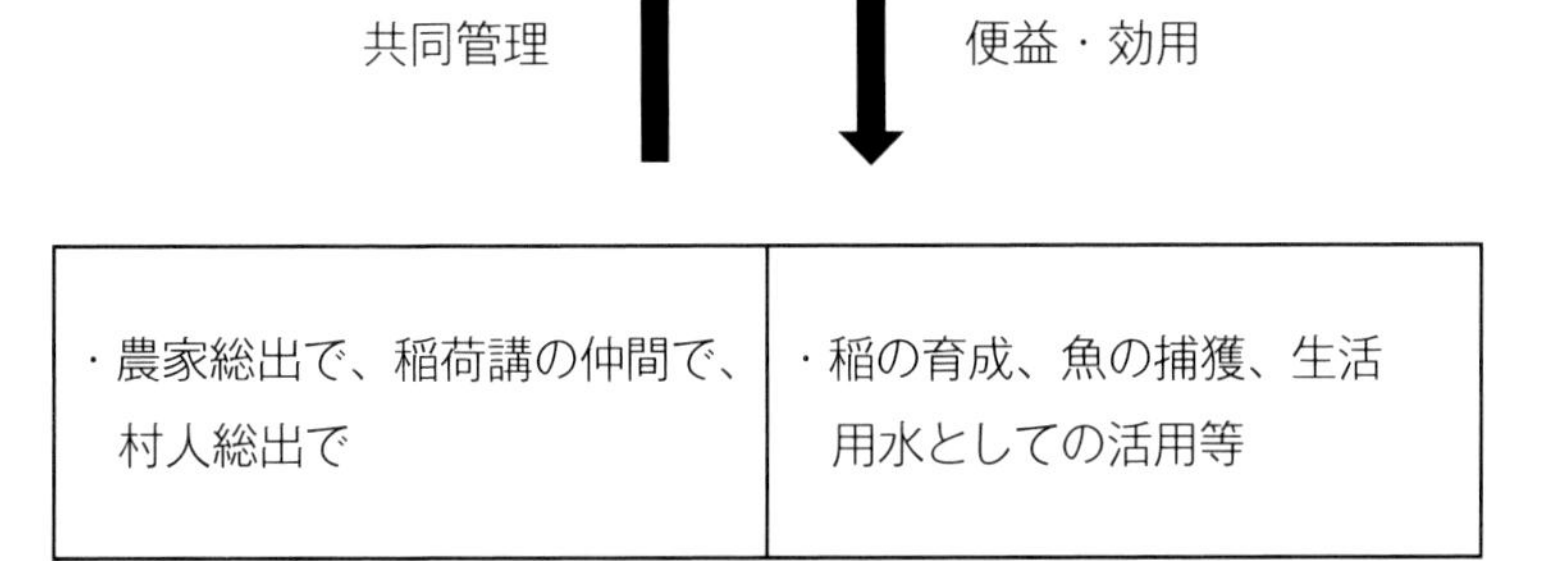

その後、一九四三年測量の地図によれば、村山下貯水池の堰堤の上流側については湖底に沈んでおり、東京の人口増加に対応するための水道水の供給（利水）のために、コモンズとしての里川が消失していたことを確認することができる。一方、堰堤の下流側については貯水池が建設された影響で流域面積の減少による流量の減少につながり、田んぼが水につかる大水が出なくなったという記録が残る。下流側では、一九六〇年頃までは北川の水を利用したそれまでと変わらない稲作が続けられてきていた他、里川の水を食糧などの洗浄や冷却に利用し、里川を雨水の排水や魚とりに利用し、持続的に萌芽更新を行って雑木林を維持管理することにより治水を行うなどの暮らしがごく当たり前にあった。北川流域では、かつて人の手の入った雑木林を中心とした里山の風景と相まって、川や水路、田んぼなどの湿地を中心とした里川の風景が広がり、結果として多様な生物が育まれていた。

しかし一九六〇年頃を境に、里川の姿は激変していくこととなった。この頃から北川の流域では東京のベッドタウンとして住宅地開発が本格的に行われるようになり、コンクリートによる川の護岸化（治水）や公共下水道の未整備に伴う川の水質悪化が目立つようになっていった。また、用水路の暗渠化や宅地化に伴う水田面積の減少など、それまでの里川の原風景は徐々に消滅していった。里川は地域の人々の生活からは切り離され、親しまれるものではなくなっていった。川の中心性も喪失して、もはやコモンズとは言えない状況となっていき、後に詳しく述べる将来北山公園となる区域を中心に、かろうじて水田や湿地、水路が残る状態になっていった。

三、里川と河童

里川の伝説には、川と共に暮らしてきた人々の川への思いが込められ、河童を題材としたものも多く見られる。例えば、柳田國男の『遠野物語』の中には河童に関係する伝説が見られ、その五五～五九話には河童の子をはらんだ話や河童の足跡の目撃談、河童の駒引き、遠野の河童は顔が赤いとする目撃談が掲載されているが、これらは川の淵や用水、堀、堰、湖沼など、里川という人々の生活圏の中で河童が出没した物語である。全国には『遠野物語』の他にも、様々な河童の伝説が残っているが、その伝説を見てみると、どこも人々の生活の近くの川の淵や用水、堀、堰、湖沼などを舞台にした里川での話、そのような場所での水難事故などを題材にした話が多いことに気づく。そして、田んぼや雑木林などの二次的な自然の中での小さな流域、コモンズの中で、個々の河童の物語が伝えられてきたと思われる。先人は、里川の奥底にもう一つの世界（他界）を見、そこから現れる神を崇め、妖怪を恐れていたのかもしれない。人命を奪う水への畏怖もあったのだろう。しかし、同時にユーモラスで俗っぽい存在として河童が描かれていることも多く、個々の里川で、またコモンズでそれぞれの伝説が伝えられ、物語性のある場所であったことが興味深い。それでは、北川の場合はどうだったのであろうか。

北川流域にも河童の伝説が残っている。それは、今は村山貯水池の湖底となってしまったねずみ沢（現在の東大和市内）での伝説である。当時の北川流域のねずみ沢にあった池で、「仲間と遊びに行った子が、泳いでいるうち急に姿が見えなくなった。池っぱたで連れの子たちがさわいでいると、その子はぷかりと浮かび上ってきてニヤニヤ笑い、また沈んでしまった。なんと、かっぱが引きずり込んだ」（東大和市教育委員会（一九八二）『東大和のよもやまばなし』一九三～一九四ページ）という話がある。古い地図によれば、ねずみ沢には大きなため池が設置されており、その水は沢の下流側に位置する水田などに利用されていたと思われ、ため池や用水路、水田は集落にとって身近な里川、小さな流域での昔のコモンズが成立していた場所であったであろうことが分かる。北川が柳瀬川に合流した直後の曼荼羅淵（まんだらぶち）（所沢市）にも河童の伝説が残るが、ねずみ沢のため池と同様にコモンズの中での河童の物語として存在していたと思われる。

河童という言葉には、水泳のうまい人とか泳いでいる子どもという意味もあるが、ねずみ沢のため池で泳ぐ子どもが描かれているように、昔の里川は河童の天国だった。それが川に治水工事が施され、家庭の雑排水が流れ込む様になって、川の河童たちは姿を消してしまった。

（注5）準用河川とは、一級河川及び二級河川以外の河川のうち、市町村長が指定し管理する河川のこと。河川法に基づき、二級河川の規定を準用する。

Ⅱ章　里川保全のプロローグ

一、北山公園の誕生

一九七〇年代の前半、我が国では市民の環境を守っていくことへの関心がとても高くなった時代だった。この時代は、一九六〇年代以降明らかとなってきた全国の公害の被害状況を受け、一九七〇年に国会で公害問題に関する集中的な討議が行われ、一九七一年には環境庁（現環境省）が設置された頃である。都内では、一九六〇年代後半以降、多摩川をはじめとする河川の水質汚濁が問題となり、また一九七〇年代前半には光化学スモッグによる被害が問題となるなど、自分の生活する環境の質が問われ始めた時代だった。それまで何の疑いもなく地域の開発に邁進、是認してきた市民が、自然環境の保全や生活環境の改善へ大きな関心を寄せるようになった時代だった。

この時代、狭山丘陵でも大きな動きがあった。東村山市に隣接する東大和市では、一九七一年、狭山丘陵の一画に戸数一〇〇〇戸の高層公団住宅の建設計画が明らかとなったが、市民による建設反対運動が起き、当時の市長の思いもあり、市民側と市が一体となって、東京都に対し計画地（雑木林）の公園化の働きかけを行った。当時は革新系の美濃部知事だったことも幸いし、多摩地域の丘陵地の緑を保全していく政策に乗った形で、一九七二年に建設計画は頓挫し、計画地を含む一帯は都立東大和緑地（東大和公園）として雑木林の自然が守られることになった。これらの動きが、東村山市の北山公園の誕生やその北側に隣接した北山（別名八国山、以下、「八国山」）の公有地化の動きに大きく作用したと考えられる。

東村山市（一九六四年に市制施行）では一九六〇年代以降に東京のベッドタウンとして急激に宅地化が進み、一九七〇年代初頭、まとまった自然が残っていたのは狭山丘陵の八国山とその周辺の一帯だけという状況となっていた（位置は図2参照）。当時は市主導でこれらの自然を守っていこうとした。当時の市報の記事によれば、八国山の雑木林とその南側に広がる水田や水路などを一体的にとらえ、守っていこうとしていたことが分かる。一方、八国山の北側に位置する所沢市では、八国山に隣接して大規模な北山地区宅地開発事業（現松ヶ丘団地、位置は図2参照）が計画され、新都市計画法による一九七〇年の線引き（注6）前に事業者が土地買収を終了させ、計画地は線引きで市街化区域に編入された。この事業の着工は時間の問題と認識され、開発の波が当時、私有地の雑木林であった八国山にも迫っていた。このような中、東村山市としても何らかの対応を迫られていた。

八国山やその前の水田や水路などの湿地（現北山公園を含む区域）を公園や緑地にする動きが始まったのは、一九七〇年代の前半である。すでに述べたとおり、東大和市では一九七二年に雑木林を都が買い上げて緑地として保全するという決定がなされたが、この決定の直後に東村山市は、八国山について東京都に買い上げてもらう要請を行っていく決定を行い、同年七月に市長名で東京都に対して「北山地区保全の要請書」を提出していった。また、当面の措置として、同年に市が八国山の一画について地権者17名の協力を得て、二年間の契約期限付きで借地方式による自然公園的な「北山自然遊園」3．38ヘクタールの指定を行って市民に開放し、住宅地開発の圧力に対抗していった（注7）。

一方、市では八国山の南側に隣接する北山前水田（現北山公園を含む区域）の保全策の検討が始まっていたが、一九七三年に不動産業者が北山前水田の一部を、宅地開発のために買収していたことが判明した。市にとって北山自然遊園を含む八国山や北山前水田は、市内に残された貴重な自然の砦であり、北山前水田の宅地開発は防がねばならない重要な問題だった。同年、市は「東村山市緑の保護と育成に関する条例」（注8）を制定して市のみどりの保全の基本を定めると共に、この水田部分については市立の公園とするべく、市の事業として買収する方針を打ち出した。そして、一九七五年には不動産業者から地主への用地の買い戻しと、市と地主との用地買収契約を終了させた。買い戻した用地の面積は2．9ヘクタールに及び、市の財政から多額の費用約一四億円を捻出し、用地買収に至った。そして一九七六年には、買い戻した部分と未買収の水田部分を公園として都市計画決定し、一九七七年から自然公園的な市立北山公園の整備が始まった。公園内の北側部分はこれまでの水田の区画割を生かした形状で菖蒲田、東側は大きな池を整備し、武蔵野から失われつつある野草を植栽し、かつての武蔵野の湿地の復元を目指す計画だった。

北山公園は、市民から市、あるいは市議会に対して直接的な要請を行った結果、誕生したわけではなかった。狭山丘陵では、一九七一年に東大和市内で公団住宅建設に反対し雑木林を守っていくために市民から都議会に対して請願を行った事例もある。が、狭山丘陵全体で行政や議会に対して要請などの活動が活発になったのは、一九八〇年に発生した所沢市の早稲田大学進出計画反対運動の時以降である。八国山や北山公園で二次的な自然を守る市民側による運動が始まるのは、八国山では一九八九年、北山公園では一九九〇年であった。

二、里川保全運動の始まり

北山公園は一九七七年以降、あぜ道や水路、野鳥遊水池、あずま屋などが順次整備され、背後の八国山と一体的な、あくまで水田や土の水路、あぜ道、湿地を中心とした里川としての自然を重視した公園づくりが行われてきていた。しかし、一九九一年に、公共工事の実施の意思決定のプロセスに、市民参加の方法が問われる事態が発生した。当時の状況については、自然を守ろう！北山公園連絡会（一九九三）『北山公園「再生計画」の隠された真相』に詳しく紹介されていることから、詳細についてはそちらに譲り、ここでは概要を述べる。

一九八九年三月、市は「北山公園再生計画（以下、「再生計画」）」を策定した。当時、北山公園の菖蒲は、「新東京百景（一九八二年に都民の日制定三十周年を記念して都民の公募のもとに東京都によって選定）」に選ばれ、市にとって重要な観光資源となっていた。再生計画の内容は、菖蒲の連作障害を避けるために大規模に土壌を入れ替える工事を行うこと、公共下水道の整備に伴う北川（北山公園内の水田や菖蒲田などの水源の一部）の水量減に対応するために、土中への水の浸透を防ぐための工事やポンプによる循環方式の水路の整備を行うこと、多くの人に菖蒲の花を見てもらえるように4メートル幅のコンクリート舗装した周遊園路や夜間照明灯を作ること、その他、売店や休憩所、花壇を新設することなどの内容だった。当時の市の基本計画図によれば、田んぼを芝生広場に、野鳥遊水池を人工的な池に改良し、新たにコンクリート製の水路や渓流（ポンプにより水を循環）をつくるなどの内容が盛り込まれていたことが分かる。

しかし、市民側がこの計画概要を知ったのは、五か年にわたる工事の内、当初二か年の工事（池の底をコンクリートで固める工事や水循環用の濾過ポンプピット造成工事）が終了した段階の一九九一年だった。市議会で初めて予算案が審議されたのは、年度予算が一億円を超えた三年目の工事からで、工事のため公園内に「公園整備のため休園します」の看板が設置されたのは同年八月、市報に計画概要が掲載されたのも同年の十月だった。再生計画は、市民側から見れば、水田や土の水路、あぜ道、湿地などがつくる里川風景を残そうという視点もなく、生態系に対しての配慮もなく、利用者である市民が不在のまま進められた計画だった（注9）。

再生計画反対運動は、一九九一年八月に発生した。同月、市民活動団体「北山公園連絡会」が結成された。北山公園連絡会は、北山公園の自然を守っていくこと、市へ説明会の開催を要求していくこと、市民の声を反映させた計画づくりを行うこと、三か年目以降の工事を中断していくことなどについて主張を行った。その後、北山公園連絡会は、市による説明会の開催と市民の意見を活かした公園づくりのために市民の署名を集め、市に陳情書や要望書などを提出した。しかし、市は市の審議会を経て、市議会の本議会で可決されたものだから説明会開催の必要はないということを繰り返すばかりだった。

同年九月、三か年目の工事（本格的な工事に入る前の菖蒲の植替えなどの準備工事）が始まり、工事内容への疑問を持つ者は地域住民の間に広がり、市への説明会開催を要求する動きが出てきた。さらに、再生計画の工事費用については、東京都からの補助金を受ける前提で工面することになっていたが、東京都も「地元の説明会も開かないようなら補助金は出さない」という姿勢を市に示したことなどから、市は同年十月に説明会を開催した。説明会は、会場がほぼ満席になる中で開かれたが、市民側から見れば、市からの十分な説明と質問に対する回答を得られることができなかったという印象で終わった。その後、田んぼに水を送る水路が国有地であるのにも関わらず、その廃止や変更について市が手続きを行っていないことが判明したが、市は東京都から了解を取り、所定の手続きを取るのと同時並行して工事を行っていくと説明し、工事が続行された。

同年十一月、市は本格的工事の前段階としての工事車両用の園内道路の仮設工事の施工を強行しようとしたが、北山公園連絡会のメンバーの他、地域住民などが駆けつけ、実力行使で工事の即時中止を訴えた。その結果、市はその日の工事を断念した。その後、北山公園連絡会が東京都に問い合わせ、市の工事着工が許されないことが確認された。これを受け、同月の市議会では市長が所信表明演説の中で「工事は（手続きが終わるまでの当面の間）中断する」と発表し、さらに北山公園連絡会と話し合いを持ち、公園づくりに市民の声を取り入れることにも言及した。そして、北山公園連絡会と市との話し合いが持たれ、市が三期工事の内容を大幅に見直すことを約束した。これを受け同年十二月、北山公園連絡会は、小川と田んぼのたたずまいを残した公園の市民プラン案の提案を行っていくことになった。この市民プラン案には、のどかで素朴な田んぼと湿地のたたずまいを残していくことが基本であること、目指す姿は決して都市型の人工的な公園ではないことが謳われている。なお、市民プラン案には二〇〇〇年代前半になって実現されることとなる「川原の創出（公園と川とをネットワーク化し、川原を再現）」についても謳われているが、この時点では、市が市民プラン案を検討していくことはなかった。

一方、北山公園連絡会は、市が再生計画の根拠としていうところの、公共下水道の整備により北川の水量が十分の一に減少するという裏付けが希薄であると考えたことから、同年十二月に北川周辺の湧水調査を実施した。その結果、十一箇所の湧水が確認され、市の基本計画書にある「北山公園に至る一キロ余りの間では湧水はなく」の誤りを確認するに至った。さらに、市民側は一九九二年一月に、東京農工大の小倉紀雄教授（当時）の指導の下、市民環境科学（注10）によるアセスメントにより、冬の渇水期を狙った北川の水量調査を実施した。結果は、北山公園で必要とされる水量の四倍以上の水量を確認し、再生計画の必要性の根拠が崩れることとなった。

しかし、一九九二年三月の市議会では、三か年目の工事を一年間工期延長して当初の内容通り実施することが決まった。さらに、市民側との合意を前提とした都の補助金は活用せずに、三期工事の費用のすべてを市の会計から捻出することが決まった。

以上のような市や市議会の姿勢に対して、北山公園連絡会は運動をさらに横に広げ、三多摩の各地域で自然保護運動を繰り広げている市民活動団体との連携を深めていった。同年三月には、北山公園連絡会主催の交流シンポジウム「三多摩自然保護運動交流会」が開かれ、再生計画反対運動の関係では、市民側作成の市民プラン案を示してその実現に向け、広範な世論の支持が訴えられた。

三多摩地区の市民活動団体同士の交流はこの三多摩自然保護運動交流会から本格化するが、この頃、三多摩の各地に自然保護運動が起こっており、相互に情報交流したいという機が熟していたと思われる。そして、その後二回のシンポジウムを経て、一九九二年七月に小倉紀雄らが中心となって三多摩自然環境センターが結成され、三多摩で様々な活動をする自然保護団体との交流を基に、活動が繰り広げられていくことになった。三多摩自然環境センターでは「水郷水都たま大会」が開催され、現に問題を抱えて活動し、行政と対立している団体が情報交換を行い、また機関誌「ＮＥＷＳ」の発行により、関連する情報の提供がなされた。「ＮＥＷＳ」では、北山公園再生計画の問題が報じられる一方、多摩地域の自治体管理の河川改修について住民の反対運動が起きている現実、工事の意思決定のプロセスに市民参加の方法を模索している現実も、広く関係者の情報として共有されていった。

再生計画については、結果的に三期工事（一九九一年度工事）については、その後の市と北山公園連絡会との話し合いに基づき、計画内容に若干の修正が施されて工期の大幅な遅れを持って竣工した。その後、四期工事（一九九三年度工事）で木道や東屋、植栽が整備され、五期工事（一九九四年度工事）で休憩施設や植栽が整備され竣工に至った。結局、北山公園では工事を実施することによる効果や社会化された自然の大きな喪失が明らかにされないまま工事が始まってしまったが、四期工事以降では市の姿勢が変化し、市議会では、「これまで行政側の説明が欠けていたことを反省して今後は市民側と話し合いながら計画段階からの市民参加が必要と考える」、などの説明が行われるようになっていった（一九九三年三月一二日の市議会で行政側の答弁）。

結果として、北山公園には湖底がコンクリートで固められた池の整備や円弧状の主園路の整備が進んだものの、人工的な芝生広場やポンプで水を循環させる水路や渓流、コンクリート製の水路、夜間照明、売店などが設置されない、田んぼや水路、池、湿地などを主体とした里川の環境が何とか残され、現在の北山公園の原型を形づくることとなった。

それではなぜ以上のような里川保全運動が起こったのか。背景としてはまず、一九八八年に大ヒットしたアニメーション映画『となりのトトロ』が社会に広く里山の素晴らしさを伝えていたことが挙げられる。「となりのトトロ」の舞台は八国山（はちこくやま）の環境やイメージと似ていることから、八国山が「トトロの里」として一躍全国に知られる存在となり、八国山一帯の緑を保全することが自然保護の象徴としての意味を持つものとなっていた。また一九九〇年には八国山の北側に位置する所沢市で、ナショナル・トラスト運動を推進していく「トトロのふるさと基金委員会」が創設され、大きな反響を呼んでいたことが挙げられる。そして、このアニメのモチーフになったと思われる八国山の里山を守っていかなければならない、そして八国山と一体的な北山公園の里川も守っていかなくてはならないと、多くの市民が感じていたことが挙げられる。

　以上のような背景があった上で、市民の声が市に届かない現実、市民参加のシステムが機能していない現実に多くの市民が気づき、例えば一九九一年の十一月の工事の中止を求める実力行使に至ったと思われる。そして、市民の声を市に届けるために、北山公園連絡会のメンバーを中心に里川保全運動を展開し、さらに研究者を巻き込んだ水量調査や他の市民活動団体からの理解や支援を受けながら運動の展開が図られていくことにつながっていったと思われる。当時の市や市議会の対応は、現在では考えられないような内容であるが、市民側がこれらの運動を通じて、市民が思っていることを行動に移せば、環境を守っていくことができるということを体験することができたという点が、後に述べる北川コモンズの再生への足場となっていった。

写真２　北川公園内の水田（手前）と八国山の雑木林

三、八国山の里山保全運動

北山公園の再生計画で揺れ動いていた時期とほぼ同時期に、八国山でもその整備計画で都と市民側が衝突していく事態となっていた。

北山公園に隣接する八国山緑地は、一九七七年に都立公園として都市計画を決定して一九九〇年の開園を目指していたが、その八国山緑地整備計画（以下、「整備計画」）が固まりつつあった一九八九年に、公園の整備像をそれまでの公園政策の基本像（雑木林を伐採して展望台や展望広場など、あくまで施設の整備を基本としていく姿）としてきた東京都の行政スタンスと、自然公園志向の整備像（雑木林を中心とした里山の現況保存を基本とする姿）を考える市民側のスタンスが、衝突していく事態となった。

整備計画は一九八七年八月の都の公園審議会に諮問されたが、この案には樹林面積の合計の15％を伐採して、展望台一ヶ所、展望広場三ヶ所、野草園二ヶ所などを建設することが盛り込まれていた。この案に対し、一九八九年五月に地元の市民活動団体「東村山の自然を愛し守る会」は東京都知事あてに、八国山の自然をそのまま残すことを基本に、倒木や枯木はなるべく残すなど自然の生態系を崩さないよう配慮すること、展望台や展望広場の設置について撤回することなどの内容を盛り込んだ要望書を提出した。この整備計画反対運動では、市民が知らないところで決定された計画について、計画段階から市民参加が必要であるという点が問われた運動で、公共工事の意思決定のプロセスに対する市民参加の方法が問われた。その後、整備計画反対運動は広がりを見せた。早稲田大学進出計画反対運動（注11）を契機として、狭山丘陵とその周辺で自然や文化財の保護活動を進めていた十の団体が結集して一九八〇年に「狭山丘陵の自然と文化財を考える連絡会議（代表委員は戸沢充則明大教授（当時）。以下、「連絡会議」）」が誕生していた。連絡会議は、展望台などの設置に反対する署名活動を呼びかけ、二ヶ月たらずの間に四六八八名の賛同を得、一九九〇年三月に都に対して署名簿を提出した。同年四月には連絡会議と東京都との話し合いが行われ、市民側から展望台や展望広場の設置計画の撤回、雑木林をいかに維持・管理するかについては共通の認識が必要などの主張がなされた。そして一九九一年二月、東京都は八国山の雑木林を極力保存することを内容とする新しい整備計画を連絡会議側に提示し、問題の解決に向けた大きな一歩を踏み出すことになった。連絡会議はこの新しい整備計画を積極的に評価し、一九九二年一月に雑木林とその景観を貴重なものと考え極力保全することを中心とした覚書を、東京都との間で交換することとなった。

結果的には、八国山の雑木林の現況保存を基本とする姿としていくことで双方の合意に至ったが、合意に至った背景として以下の動きがあった。まず、狭山丘陵では早稲田大学進出計画反対運動を契機として一九八六年に「雑木林博物館構想」が発表されていた。八国山緑地では市民活動団体が、この雑木林博物館構想を基に雑木林の現況保全を基本とする姿を強く求めた。雑木林博物館構想は東京都側と埼玉県側を含めた狭山丘陵全体を対象とし、社会環境と歴史環境、自然環境の三つの切り口から調査を行った上で、保護地区（主に水道局（貯水池）用地）と保全地区（雑木林の管理を基本とする保全・活用部分と広場・休憩地などの人とのふれあいの場である利用部分）とにゾーニングを行い、狭山丘陵のブロックごとの保全・活用構想について提言を行っている。この内、八国山は保全地区に区分されていた。雑木林博物館構想は、廣井の環境思想である「社会化された自然思想」をベースに、廣井が仲間と共にまとめた内容となっており、以降の運動の求心力（バイブル）としての構想であった。社会化された自然思想とは、「二次的な自然には、人間が利用するから価値があること、個々の生物や生態系にも価値があることを前提に、里山の自然を保全していくことが重要である」という考え方である（図5参照）。この社会化された自然思想が反対運動を行っていく上でのベースとなっていたことに加え、『となりのトトロ』の大ヒットやトトロのふるさと基金委員会の創設が、八国山の緑を保全していくべきだという市民の都県境を超えた動きにつながり、行政に大きく作用して合意形成を促したものと思われる。

図5

廣井敏男の
「社会化された自然思想」

・社会化された自然とは→人間が生活していくために手を加え続けてきた、原生のままではない自然

・自然に働きかけこれを変革して利用することが人間の自然な営みであり、その結果、社会化された自然の姿が現代の自然の基本的な姿である

・雑木林などの社会化された自然には、人間と自然との調和的な自然観に基づいた価値（下記）がある

人間が利用するから価値がある

・薪炭や堆肥の原料調達の場として、昔の人の生きた証しの文化財として、現代人のレクリエーション的な利用など、人間が利用するから価値がある。自然を産業の発展のための資源としてとらえる西洋の「人間中心主義」とは一線を画す

個々の生物や生態系にも価値がある

・人間を他の生物と同視し、個々の生物や生態系にも価値があるから、人間にも生態系の一員として節度ある振る舞いが必要である。全体論が前提となる「生態系中心主義」とは異なる

再生計画反対運動では、ほぼ同時期に発生した八国山緑地の整備計画反対運動と同様に、二次的な自然である水田や湿地、水路などを、人間が管理しながら利用していくこと、またそこにいる生き物や生態系の価値を認め、そのままの姿で残していくための運動だった。さらに、公共工事の意思決定のプロセスに対する市民参加の方法が問われた運動だった。すなわち、市民が議会で承認された予算案に対し、市民の意思の反映がされていないと感じたこと、さらには、市民の意思が反映されないまま、一度決まったことは変えられないとする行政の硬直性が問題となった。一九九一年十一月の北山公園内の抗議行動では、長良川河口堰反対運動（注12）の関係者からの支援を受けていた（二〇一八年に実施した故三島悟氏（後述）へのインタビュー結果より）ことも考え併せれば、長良川河口堰反対運動からの影響を大きく受けていたとも考えられる。

以上から、再生計画での里川保全運動は、八国山緑地での里山保全運動との人的な交流がほとんどなかったものの、共時的な発展性が見られることが分かる（図6参照）。そして、両者とも社会化された自然を守り、新しい形でのコモンズとして再生していくための、足がかりとなる運動だった。

図6　里川保全運動と里山保全運動の比較

年	里川保全運動 （市立北山公園＝北川が隣接）	里山保全運動 （都立八国山緑地（雑木林））
1976	都市計画決定	
1977		都市計画決定
1987		整備計画案（都）
1989	再生計画案（市）	整備計画（雑木林を伐採して展望台や展望広場など）反対運動 →雑木林をそのままに（市民） →公共工事実施の意思決定のプロセスに市民参加を（市民）
1990	再生計画（人工的な水路・渓流・池、芝生広場など）反対運動 →水田や湿地、池などそのままに（市民） →市民プランを提示（川原の創出を含む） →市民環境科学による北川の水量調査を学者の支援を下に実施 →公共工事実施の意思決定のプロセスに市民参加を（市民）	
1992		都と市民活動団体での覚書の締結（雑木林を保全の方向で）
1995	再生計画の一部の工事終了（水田や湿地などは保全）	

話し合い解決派が 1995 年　新たな市民活動団体（北川かっぱの会）創設

（注6）新都市計画法では、都市計画区域内の土地は市街化区域（すでに市街地を形成している区域（既成市街地）、または今後一〇年以内に優先的かつ計画的に市街化を図るべき区域）と市街化調整区域（市街化が進まないよう抑える区域）に分けられるが、線引きとはこの市街化区域と市街化調整区域に分けることを指す。

（注7）その後、丘陵地の緑を保全していく都の政策は八国山にも及んで、一九七七年には八国山も都立「八国山緑地」として都市計画決定された。

（注8）東村山市の緑の自然環境を保護、育成し、市民の健全な生活環境の確保向上を図ることを目的とし、緑地保護区域の指定や保存樹木の指定など、その後の市のみどりの保全の基本を定めた条例。

（注9）再生計画が策定された一九八九年以来、一般市民はもとより、改造後の公園予定地に指定されている民有田の所有者や、学校田を利用している小学校の一般教職員、地元の多くの住民にさえ、その計画概要が全く知らされていなかったと言われている。また、再生計画については、それが環境に与える影響について、一切調査されていなかった。なお、東京都の環境影響評価条例は一九八一年に制定されていたが、再生計画は対象事業に該当しなかった。また、市の環境影響評価の根拠となる「東村山市の環境を守り育て育むための基本条例」の制定は二〇〇二年だったが、制定された内容では、再生計画は環境影響評価の対象事業とはならない。

（注10）本書ではこのような例を「市民環境科学」による例ととらえた。小倉紀雄は市民環境科学を「市民が身近な環境を自ら調べ、得られた結果を整理し実態を明らかにする。それらの活動を通し、身近な環境から地球規模の環境まで広く考え、問題解決のための実践活動に結びつけること」と定義し

ている。（小倉紀雄（二〇〇三）『市民環境科学への招待』裳華房92ページ）

（注11）早稲田大学が創立百周年を記念する事業として、所沢市内の狭山丘陵の一画に新キャンパスを建設する計画を立てたが、その計画地は県立狭山自然公園内で雑木林や湿地が存在し、多くの遺跡が出土する場所だったことから、激しい反対運動が起きた。

（注12）長良川河口堰は、河口から約5・4キロ上流の三重県桑名市にある全長661メートルの国内最大級の可動式堰で、一九八八年の堰本体工事の起工式を契機として全国的な市民運動が起きた。この河口堰は大規模なしゅんせつによる治水、堰上流の淡水化による愛知・三重両県と名古屋市の利水開発、塩水遡上防止を目的としていたが、それらの効果が疑問視され、さらに流域の自然や文化の喪失、重要な行政の意思決定に対する住民意思の反映がなされていないこと、一度決まったことは変えられないとする行政の硬直性などが問題となった。長良川河口堰反対運動は、燎原の火のごとく全国の公共工事に影響を与えたが、北山公園再生計画反対運動にも影響を与えることとなった。

Ⅲ章　里川の復元

一、新たな市民活動団体の誕生

一九九〇年代初頭の再生計画反対運動では、市民側と市との対立が際立っていたが、一九九〇年代半ばになってくると、北山公園連絡会のメンバーの中で、行政に対する強硬派（あくまで行政との戦いの戦術を重視する派）と行政との話し合い派（あくまで行政との話し合いによって解決することを重視する派）とが分かれた状態となった。この話し合い派、市民側と市が共通の認識に立った上で、同じテーブルで現実的な解決策を見出していこうとするメンバーが中心となって、一九九五年に市民活動団体「北川かっぱの会」が誕生した。北川かっぱの会の世話人代表には、三島悟（写真3参照、以下、「三島」）が就任した。三島は当時、山岳雑誌の編集の仕事に従事し、白神山地のブナ林を縦断する青秋林道反対運動（注13）などの取材や自然保護運動を牽引する仲間との交流を通じ、「議員よりは良識派の官僚など行政担当者を動かすこと」の重要性を学び（二〇一八年に実施した本人へのインタビュー結果より）、自然保護運動にも情熱を傾けていた。三島は、北川かっぱの会が発足する前の再生計画反対運動の途中から里川保全運動に参加したが、当時を振り返り、「再生計画反対運動での行政と戦っていく路線に疑問を感じていた」と述べている（同）。そして、三島が北川かっぱの会の世話人代表に就任することにより、その仲間たちと共に、行政との話し合いを行って現実的な解決策を見出していこうとする路線がスタートした。当時（一九九五年）の北川かっぱの会の機関誌「かっぱ通信」2号には、「かっぱの会が目指しているのは、東村山に及び清らかな川の流れを取り戻し、市民と川との豊かな関わりを育てていくことです」と記され、里川を復活させてコミュニティを活発化させていきたいという思いが伝わってくる。さらに一九九六年発行のかっぱ通信5号には、北川かっぱの会が、「狭山丘陵の東麓、トトロの故郷北山公園一帯の緑の保全と、その前を流れるかつての水ガキの生息地北川の清流復活という二つの大きな夢を持ってつくられた」と記され、これ以降発行のかっぱ通信にはこのような表現が繰り返し使われている。この中で「水ガキの生息地北川の清流復活」という表現には、一九六〇年頃以前の北川では、川で泳ぎ、ウナギやドジョウをとって遊ぶ水ガキが多数見られていたことから、川で泳ぎたくなるような、また多くの魚が生息し、子どもたちが川で生き生きと遊ぶことのできるような環境を再生させたいという思いが込められている。そして「かっぱの会」という会の名称には、河童が棲むことができる清らかで物語性のある里川づくりを行っていきたいこと、また、泳いでいる子どもを河童と表現する言葉の使い方もあることから、再びこのような子どもが見られる川にしたいという思いが込められている。北川かっぱの会が設立当初から発信している「遊びの遺伝子を未来に引き継いでいく」という表現には、水ガキ、すなわちかっぱが北川で復活していくという希望が込められている。

北川かっぱの会では「八国山・北山公園一帯の緑の保全と、その前を流れる北川の清流復活」、そして「遊びの遺伝子を未来に引き継いでいく」ことを目標に掲げ、活動をスタートさせた。そして、当初は多自然型川づくり（注14）の実現を目指していくことになった。

写真3　晩年の三島悟（2017年）

二、多自然型川づくりと市民プラン

北川かっぱの会を立ち上げたメンバーは、再生計画反対運動の中で、北川全体についてコンクリート護岸を減らし、自然に近い川を取り戻したい、との思いを強くしていた。一九六〇年頃までの北川では、子どもたちが至るところで水遊びをして魚とりをしていたが、再び子どもたちが容易にアクセスすることのできる川を取り戻したいと考えていた。

多自然型川づくり

北川かっぱの会の設立前、一九九一年十二月に北山公園連絡会が提言活動としてまとめた公園の市民プラン案には、多自然型川づくりを踏まえた川原の創出が掲げられており、多自然型川づくりを目指す運動の萌芽を読み取ることができる。その後、一九九三年に北山公園連絡会主催の「北山公園に関する公開研究会」が開催され、当日のアドバイザーだった小倉紀雄と二松学舎大学講師（当時）の君塚芳輝らから、水循環や河川環境の復元について多くの示唆を受けることになった。里川の復元についての本格的な検討が「北川かっぱの会」設立後に行われ、市民プランを基にした里川の復元と市民によるボランティア活動を基本とした新たな里川づくりが目指されることとなっていった。

川と水辺から動植物がいなくなり、風景としても単調となってしまったことの反省から、スイスや西ドイツ（当時）では、一九八〇年代から多自然型の川づくりが始まっていた（ヨーロッパの事例は近自然工法と呼ばれていた）。日本でも建設省（当時）が、一九九〇年に「『多自然型川づくり』の推進について」の通達を出し、河川の生物の生息・生育環境及び美しい自然景観を保全・創出する「多自然型川づくり」がパイロット事業として始まっていた。その考え方と工法の基本は、

①川岸や川底を単調なものにせず、多様で変化に富むものにする
②工事にあたってはできるだけ自然素材を使い、伝統的工法を尊重する
③上流・中流・下流の違い、山裾であること、平野部であることなどの違いを考え、それぞれの地域特性にふさわしいものとする
④歴史性、歴史的景観を重んじ、それを破壊しない
⑤生物が棲めること、在来動植物相、生態系を保存し、復元は潜在動植物相の復元を目指す

などとなっている。この通達により、生き物に配慮した河川工事が期待されたが、画一的な工

事や川の一部にただ単に疑似自然をつくるだけの改修工事となる例が多く見られるなど、課題が残ることとなった。

北川かっぱの会では、北川での多自然型川づくりを目指して具体的な政策提言をまとめることを目標としていくことになった。一九九七年には河川法が改正され、河川法の目的に治水や利水に加えて河川環境の整備と保全が加わり、さらに市民参加についても謳われるようになり、北川の多自然型川づくりには追い風となる状況だった（図7参照）。東村山市議会でも、行政側から「コンクリートで固められた河川づくりは過去のものとなりつつある」などの答弁もなされるような状況だった（一九九六年十二月十三日の市議会で行政側の答弁）。

図7　北川の多自然型川づくり

1995年	北川かっぱの会創設 →北川の清流復活や遊びの遺伝子の継承を
1997年	本格的な検討を開始 →国内外の事例検討、市民環境科学を基にした調査、ワークショップ開催
1998年	「北川復元プラン 未来の川へ」完成 →提言
2000年	市で基本設計 （自然護岸化、魚道の設置など）
2000年～	川端会議で検討 →意思決定に直接・間接的な関係を有する者の協議の場で関係者単独では解決することのできない課題の解決を目指す
2002年～	市で実施設計、その後施工 →川端会議で検討
2004年	自然護岸完成 （コンクリート護岸を剥がして）
2005年	魚道完成 （落差工を解消して）
2006年	魚類溯上調査 （魚道の効果の検証）

多自然型川づくり	
1980年代後半～	ヨーロッパの事例が紹介される
1990年	「多自然型川づくりについて」通達 →河川が本来有している生物の良好な生育環境に配慮し、自然景観を保全あるいは創出する事業
1990年代前半～	多自然型とはかけ離れた事例が多く見られた
1997年	河川法改正（目的に環境、市民参加が追加）

川端会議

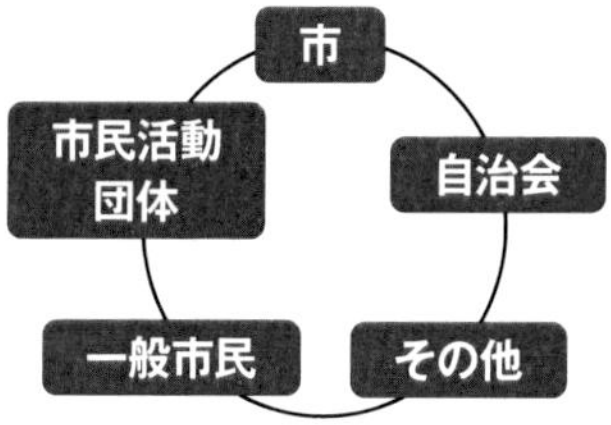

一方、一九九〇年前後の多摩地域では、雑木林や丘陵地の宅地開発などにより、多くの中小河川の改修が行われていた。多摩川水系では、国の直轄区間についてはすでに流域の自然保護団体の要望を受け入れ、また外国の先進的事例に学んで多自然型川づくりの導入が試みられていたのに対し、地方自治体の河川管理は旧態依然の改修方法をとることが多かった。先進的事例を学び、環境重視の工法があることを知った市民が、コンクリート漬けの改修方法に疑問を感じる事態が多発的に起こっていた。このような状況の中で、北川では真の意味の多自然型川づくりを目指していった。

北川かっぱの会では、一九九七年に多自然型川づくりの提言を行っていくための「北川復元プロジェクトチーム」が結成された。北川かっぱの会が発足して三島が世話人代表に就いた一方、世話人の一人、宮本善和（以下、「宮本」）がプロジェクトチームをまとめていった。宮本は建設系のコンサルタント会社に勤務していたが、本業で培った知識・技術を活かした社会貢献として、多自然型川づくりの提言づくりに向けて北川かっぱの会を牽引していった（写真4参照）。提言をまとめていくにあたり、北川かっぱの会では、まず会員による北川の総合的調査（川の中から眺める視点による魚類や鳥類、植物などの調査、河道状況の調査、水質や水量の調査、流域の歴史や人々の北川への関わりの現状などの調査）、すなわち市民環境科学による調査が行われた。また、多自然型川づくりを学ぶためにドイツの多自然型川づくりのビデオでの学習や、既に多自然型川づくりを行っていた大和市引地川の現地調査なども行われ、これらを基に北川の魅力や問題点について意見交換を行い、北川の望ましい姿について話し合っていった。

写真４　宮本善和氏（左）、筆者（中央）。土木学会「市民普請大賞 2016」準グランプリ受賞会場にて（写真提供：北出篤氏）

市民プラン

一九九八年になると、試案を基に北川清流復活プランの検討会（ワークショップ）が開かれ、三回にわたる意見交換の結果、北川の復元の基本的な方向として「北川の営みを蘇らせ、魚や鳥、昆虫などの在来の多様な生き物を育む豊かで清らかな流れを取り戻し、〝かっぱ〟の潜んでいた原風景を復元する。そして、子どもたちが川遊びから多くのことを学び、地域の人々の健やかな交流を育む、そんな北川との川づきあいを発展させ、次代に愛を込め受け継いでゆく」という内容を定めるに至った。この内容はまさに里川の復元、そして北川コモンズの再生を目指すものだった。そして、この基本的な方向をベースに、一九六〇年頃以前の北川の原風景を手本に環境の復元を目指すこと、多自然型の河川工法を導入して川の環境を改善していくこと、流域の視点に立った水循環を保全・向上させて豊かな流れを取り戻すこと、周辺の自然環境を保全・向上すると共に北川との生態的な連続性とネットワーク性を高めて地域全体の自然を豊かにしていくこと、北川を身近な教材・自然体験の場としてとらえて子どもたちが遊び学べる仕組みづくりを目指すことなど、復元の基本方針として定めた。そして、北川復元の具体的な手法として、コンクリート護岸を剥がして自然の土手を復元すること、川の瀬と淵を保全・復元すること、魚類などの往来を復元すること、北川周辺の自然環境を保全・復元・向上していくことなどの検討を行った結果、北川復元プラン原案である「未来の川へ・北川復元プラン原案（以下、「未来の川へ」）」を完成させた（写真5参照）。そして同年十月に市に対して市民提案という形で未来の川へを提出し、北山公園一帯の親水プランについて説明を行った。未来の川へは、かつての里川で見られた社会化された自然の再生、すなわち里川の復元を目指すものであったのと同時に、北川コモンズの再生を目指すものだった。未来の川へはマスコミも注目し、その内容は朝日新聞や読売新聞、東京新聞、産経新聞などで大きく報道された。未来の川へは、北川が「春の小川」に歌われた渋谷の河骨川などとは異なり、まだ市街化し尽くされていない流域だったこと、総延長は短く小さな流域だったこと、準用河川だったことも幸いし、完成するに至ったとも思われる。

写真５　北川復元プラン原案「未来の川へ」

三、市民と市の協働の模索

一九九五年、市民側と市が同じテーブルについて、現実的な解決策を見出していこうとするメンバーが中心となって「北川かっぱの会」の誕生につながっていったが、一方、市にとっても取り巻く環境は変化していた。当時の全国的な行政に対する市民参加の流れが東村山市にも及び、東村山市でも行政主導型の市政から市民参加型の市政へと変化しつつある時代だった。市議会では、再生計画反対運動の高まりと議会での紛糾を背景に、行政側が「計画段階から様々な市民の声を集めるなど市民参加が必要と考える」とまで、説明するようになっていた（一九九三年三月十二日の市議会で行政側の答弁）。この状況は、一九九三年に多摩地域が神奈川県から東京都に移管され百周年を迎えるのを記念した事業である「ＴＡＭＡらいふ21（都や市町村の行政主導型のイベント）」の場で、三つの原則（自由な発言、徹底した議論、合意の形成）（注15）に基づいて、市民側と行政が同じテーブルについてこれからの多摩の環境保全のあり方を話し合うようになっていたことも、市に少なからず影響を与えたのではないかと思われる。

北川かっぱの会が創設された時点で、北川かっぱの会と市の一定の信頼関係は築かれていたが、北川かっぱの会創設後は会と市が同じテーブルについて、環境保全のあり方について話し合いが行われた。その結果、一九九五年の会創設以来、毎年、春と秋の「北川クリーンアップ（川そうじ）」や夏の「北山わんぱく夏まつり」を市の協力も得ながら、多くの市民と共に実施するようになっていった。これらのイベントへの参加者数は、第1回北川クリーンアップへの参加者数が一五〇名を数えるなど、トトロのふるさと基金でのナショナル・トラスト運動が始まり、阪神淡路大震災を契機としたボランティア活動の高まりもあって、参加者数はとても多い状況だった。北川クリーンアップでは、市が市報での参加者の募集や収集したゴミの後処理を受け持ち、市職員も一緒になって川そうじを行ったが、川そうじ終了後に「豚汁」と飲物で関係者が語り合う場の設定がなされ、参加者同士の情報共有や意思疎通の円滑化につながり、北川コモンズの再生に向けた役割を担っていった。また、北山わんぱく夏まつり（以下、「夏まつり」）では、実行委員会の一員として市職員が参加し、市が子どもたちのカヌー体験のために北川に仮設の堰を設置することやテントや椅子の提供などを受け持ち、市職員も一緒になって夏まつりを支えた。夏まつりでは、前夜祭（映画上映）や当日のバンド演奏や踊りの披露、出店での飲食物販売など、それまでの自然を守る市民活動団体の活動スタイルとは大きく異なるものだった。三島へのインタビュー（二〇一八年）によれば、このようなスタイルは長良川河口堰反対運動を手本にしたものだったという。三島は当時、「楽しく、のんびりをモットーに」を口癖のように語っていたが、活動への賛同者を広げ、活動を長く続けていくためには、参加すること自体が楽しく、またのんびりとした雰囲気を感じるものでなければならないと考えていたと思われる。また、長良川河口堰反対運動や吉野川河口堰反対運動からの影響もあり、三島が口癖のように語っていた「参加者それぞれができることをやって参加する、遊び心を持ちながら参加する」などの活動スタイルも、各イベントの参加者に浸透していった。これらの活動スタイルは、北川コモンズの再生の初動期に大きな力となっていった。

その後市民活動団体と市の関係は、それぞれが対等な立場で話し合い、役割分担しながら地域環境の復元や保全に取り組んでいくという方向で関係が深化していった。北川かっぱの会では、市民活動団体と市の定期的な懇談会の開催を望んでいたが、一九九六年に市からの呼びかけにより「水と緑の市民懇談会」が開催された。この懇談会では、市内で自然を守っていくことを目的とする四つの市民活動団体が結集し、意見交換や一般市民を募集した学習会などの内容で、その後約四年間にわたり開催された。そして、一九九八年には市民活動団体側の提案による「緑の基本計画を考える市民会議」が発足し、市の公園緑地政策全般について、市民と市が議論を行いまとめていくこととなった。

四、川端会議の誕生

北川かっぱの会では「未来の川へ」の提案後の二〇〇〇年に、一般市民に開かれた場で北山公園の整備や北川の清流復活のために話し合っていく場が必要と考え、「川端会議」の創設を提案した。川端会議は、市と市民活動団体、地元自治会、小学校関係者、関心のある市民など、公園の整備や川の清流復活に直接、間接的な関係を有する者の参加を想定していた。川端会議は、宮本を中心に井戸端会議という言葉をヒントに考えられた言葉だが、北山公園や北川に関係する意思決定に、直接、間接的な関係を有する者が集まって協議の場を持ち、それぞれの関係者単独ではできない課題解決の合意形成の場を目指していた（図7参照）。

市は川端会議の開催を受け入れ、同年予算化に至った北山公園親水施設整備のための基本計画（北山公園に面する北川のコンクリート護岸の一部を剥がし、自然護岸を復元していくことを中心とした計画）の内容について、川端会議での検討が始まった（なお、川端会議のことを、主催者である市では「北山公園整備計画等意見交換会」と称している）。川端会議は、公共施設の計画段階からの市民参加を具現化するものだった。川端会議は二〇〇〇年に合計六回開催され、親水施設や北川の整備、復元ばかりでなく北山公園全体の整備や保全も含めて意見交換が行われ、基本計画の内容が固まっていった。会議では、フィールドワークやグループ討議を重ね、市民側自らが計画を議論し提案していくという方式で進められた。しかし、市の二〇〇一年度予算案では財政難から親水施設などの実施設計業務の予算がつかず、結果として川端会議も休眠状態となってしまった。翌二〇〇二年度予算案では親水施設などの実施設計業務の予算が、そして二〇〇三年度には工事費の予算が認められ、川端会議の中で実施設計の細部や工事内容の細部について意見交換が行われていった。そして、二〇〇四年に北山公園内の北川のコンクリート護岸が剥がされて親水施設が完成した（図8参照）。また、二〇〇四年度の市の予算として親水施設下流部の自然護岸化工事と魚道設置工事が認められ、引き続き川端会議の中で工事内容の細部について意見交換を行いながら、二〇〇五年に二期工事分の自然護岸と魚道（図8参照）が完成した。なお、これらの復元、特に魚道の設置については、各地の魚道設置に貢献していた君塚芳輝（淡水魚類研究家）の知見が、北川でも活用されることになった。

「未来の川へ」の提言は、市民側の地域の自然を復元していく、また守っていくための熱い思いを集約しアピールしていたが、その提言内容の多くについて実現されていくことになった。また、市民側と市が、同じテーブルについて対等な立場で意見交換を行う川端会議は、市民参加、また市民活動団体と市のパートナーシップ（協働）路線を推進していく上で大きな力となり、里川の復元、北川コモンズの再生に向けて大きく寄与した。

図８　北川の自然護岸化と魚道の設置（左下の写真は北出篤氏提供）

コンクリート護岸を剥がして自然護岸化

落差工を解消して魚道の設置

五、自然護岸の復元と魚道の完成

「未来の川へ」の提言の内容が実現し、二〇〇四年に北山公園内の北川のコンクリート護岸が剥がされて自然護岸が完成した。そして、同年に北川かっぱの会の自主編集による「北川流域マップ—未来の川へ（写真6参照）」が発行され、北川かっぱの会は社会に対して北川流域の里川の復元や北川コモンズの再生の重要性をさらにアピールするに至った。さらに、二〇〇五年には二期工事分の自然護岸と魚道が完成した。その後、二〇〇六年には北川かっぱの会から市に対して、魚道設置による効果を確認する必要があることを提案し、検討の結果、北川かっぱの会が魚道を溯上する魚介類の調査を行うことになった。そして、調査の結果、魚道設置による十分な効果が上がっていることを確認することができた。君塚芳輝によれば、この調査は出勤前の午前六時、帰宅後の午後六時に網を引き上げ、溯上した魚類などを調べたことから、「サラリー

写真６　北川流域マップ

マン調査方式」と呼ばれ、その後各地でサラリーマン調査方式が広がっていく契機となった。

川端会議は、現在も年三回定期的に開催され、北山公園や北川の整備や保全について、市民側と市が意見交換を行う重要な場となっている。川端会議の設置は、市民側と市の関係が、再生計画の是非について議論があった時のような対立的なものから、北川クリーンアップなどで見られた一定の協力関係を経て協調的なものに変化し、協働のプラットフォームとして市民側と市の安定的な協調関係を維持する場として機能するようになった点で、大きなターニングポイントとなった。狭山丘陵の都立公園では野山北・六道山公園では二〇〇〇年から、東村山市内にある八国山緑地や狭山公園では二〇〇六年から管理運営協議会が設置され、協働のプラットフォームとして東京都と指定管理者、地元市、市民活動団体、ボランティア団体、公園利用者などが参加し、これら関係者の安定的な協調関係を維持する場として機能するようになったが、川端会議も同様に市民側と市の安定的な協調関係を維持する場として機能していった。

再生計画反対運動以降、北山公園では市民活動団体や専門家、一般市民を動員しながら、将来にわたって市民の憩いの場であり子どもたちが遊ぶことのできる自然を守っていくことが目指されたが、多自然型川づくり以降ではこれらに加えて在来種が生息、生育することのできる地域環境の核となる川づくり、公園づくりという目標を設定し、「未来の川」という成果物をつくり上げていくことができた。そして全国的な行政への市民参加の流れを背景として、その成果物を基に市民側と市が対等な立場で話し合い、合意形成を目指すことにつながっていった。新たな里川づくり、北川コモンズの再生は、市民と市の対等な立場での話し合いを基に、さらに深化し続けている状況にある。

北川での里川の復元の過程は、市民ボランティアによる新たな里川づくりや北川コモンズの再生の第一歩だった。

六、社会化された自然

社会化された自然のとらえ方について、里川保全運動は里山保全運動と比較してどうだったのか。北川流域では縄文時代には河川に堰や船着き場などが設置され、湧水や川の水が生活に活用されてきた。また弥生時代には川の水や湿地を利用しながら、江戸時代には湧水やため池の水も活用しながら稲作が行われ、生活が営まれてきていた。そこには人間と自然との調和的な自然観に基づいた、社会化された自然を利用する人々の営みが続いてきていた。そして再生計画反対運動では、北川流域の里川としての歴史を再評価した上で、芝生広場や人工的な流れ、滝の造成など人工的な色彩の強い公園ではなく、水田や水路、池、湿地などの二次的な自然の保全が求められた。それは、ほぼ同時期に進行していた隣接地の八国山緑地整備計画反対運動と同様、社会化された自然の価値を守っていくための運動だった。「未来の川へ」の検討では、多自然型川づくりを行うことにより、北川を里川として復元させていくことを提案した。これは、人間が利用するから価値があるとする考えをさらに推し進め、人間が利用するから価値のあった自然を取り戻し、復元するという考え方であった。

また、再生計画反対運動では公園内の生態系の現状を基に、生態系保全の観点から人工的な公園づくりに反対したが、「未来の川へ」の検討では、川に関係する魚や鳥、昆虫を守ることばかりではなく、川に隣接する樹林や公園などとのエコロジカル・ネットワークの創設についても言及している。さらに、「未来の川へ」では、人間にも生態系の一員として節度ある振舞いが必要であるというメッセージが込められていると思われる。これらの考え方は、ほぼ同時期に発生した八国山緑地整備計画案に反対する市民の考え方、すなわち社会化された自然思想と同じだったと考えられる（図9参照）。

図９　社会化された自然の価値のとらえ方の比較

社会化された自然の価値	里川保全運動	里山保全運動
「人間と自然との調和的な自然観」に基づいた価値	川や水路、水田、湿地、池等の社会化された自然	雑木林等の社会化された自然
1、人間が利用するから価値がある	稲作の水調達の場として、昔の人の生きた証の文化財として、現代人のレクリエーション的な利用などとして復元、保全していく価値	薪炭や堆肥の原料調達の場として、昔の人の生きた証の文化財として、現代人のレクリエーション的な利用などとして保全していく価値
2、個々の生物や生態系にも価値がある	魚類や両生類、鳥類、植物等川や水田、湿地等に生きる生物が生息、生育できる場としていく価値	昆虫類や鳥類、植物等雑木林を中心とした環境に生きる生物が生息、生育できる場としていく価値

（注13）一九七八年に青森県と秋田県にまたがる白神山地の中央部に林道を建設する計画が立ち上がったが、一九八〇年代の前半にこれに反対する運動が起きた。反対運動は全国に及んだが、一九八七年の青森県知事の建設の見直し発言により林道建設工事の打ち切りにつながっていった。

（注14）現在は多自然川づくりと呼ばれている。

（注15）多摩の湧水・崖線の保全のテーマでは、実行委員会の中に湧水崖線研究会が設置され、多摩地域で活動する市民の声を吸収し、それらを踏まえた形での議論を行うための市民スタッフによる専属の研究会事務局の役割を担った。湧水崖線研究会は、立場の異なる人たちが話し合う場であったので、運営のためのルールづくり「三原則（自由な発言、徹底した議論、合意の形成）・七ルール（参加者の見解は所属団体の公式見解としない、議論はフェアプレイの精神で行う、問題の所在を明確にした上で合意を目指す、…など）」や公開を原則とした会議運営が行われた。

Ⅳ章　北川コモンズを次の世代へ

一、北川コモンズの今

一九九五年の北川かっぱの会の創設以来、ボランティアによる新たな里川づくりを目指す活動が行われてきた。これらの活動は北川コモンズの再生を目標として未だ道半ばという状況であるが、活動の現状についていくつか紹介したい。

川そうじ

川そうじの関係では、すでに述べたとおり一九九五年から市民側と市が連携しながら「北川クリーンアップ」が開催されてきた。北川クリーンアップは、それまで対立していた市民側と市が、初めて手を取り合って北川のゴミ拾いをするイベントだった。一九九五年当時の北川は水質も悪く、川の中のゴミも目立ち、市民から見て親しみの持てる場所とは言いがたい存在だった。同年に開催された第一回の北川クリーンアップには約一五〇名の老若男女が参加し、意外と豊かな北川周辺の自然に感動すると共に、清流復活への市民の関心が高まった。その後、北川クリーンアップは春と秋の年二回開催され、市民活動団体や地元自治会、学校関係者、一般の参加者らが北川を見つめ直し、北川の未来を語り合うイベントとなっていった。

一方、一九九九年からは北川かっぱの会の独自イベントとして月一回の定例川そうじを実施するようになった（写真7参照）。自主的にこの川そうじを始めた松村一博（以下、「松村」）は、「川底や川原のゴミを拾いながら自然に触れることの素晴らしさを存分に味わうことができました。ゴム長で川の中を歩くと、川底の起伏や水温を足裏や肌に実感するばかりではなく、川面から空を見上げると普段とはまた違った景色にも出会えます」（北川かっぱの会（二〇〇〇）「かっぱ通信」33号）と述べ、川のゴミを拾うこと以外にも自然に触れることの素晴らしさを感じていることが分かる。また、北川を泳ぐ小さな魚も観察することができ、参加者にとって楽しみの一つとなっている。一方で松村は、「そうじしているにも関わらず、ゴミが一向に減らないのは本当に残念です」（同）と述べている。松村とその仲間たちは、毎回収集したゴミの量（総量（かさ）やペットボトル、缶、ビンの個数）を記録し、年一回収集したゴミの量を公表している。ゴミの量は二〇〇四年にピークの二九個（四十リットルのゴミ袋換算）に達し、その後減少傾向にあるが、最近は毎年の減少幅が小さくなってきている。定例川そうじは、ゴミ拾いだけでなく川の生きもの生息状況や川沿いのみどりの保全状況の把握などの役割も担っており、近隣の住民も含め毎回十名程度の参加者で現在も地道な作業が続いている。

北川かっぱの会では、小学校の総合的な学習の時間で、制度ができた一九九九年当初から、北川や北山公園などでの自然体験や自然観察の支援を行ってきていたが、二〇二〇年からは北川のゴミをテーマに、総合的な学習の時間を受け持っている。川のゴミを減らしていくためには、北川でのゴミ拾いを体験してもらった上で、子どもたちに「川のゴミを減らしていくためにはどうすればいいのか、自分で取り組むことができる方法は何か」などについて考えてもらうことが重要だ。市民が主体となってきれいな川づくりを進め、地域の美観や自然を保っていくこと、里川の未来について考えてもらうことが、北川コモンズの再生に向けて

写真７　定例川そうじの仲間（右端が松村）
（写真提供 北出篤氏）

の重要なポイントと思われる。

北山わんぱく夏まつり

一九九六年には、北山公園と北川で第一回「北山わんぱく夏まつり」が開催された。「自然保護のためには、難しい理屈を並べるよりも、まずは自然に触れあうことから」と、北川かっぱの会をはじめ多くの市民活動団体が参加する市民手作りの夏まつりだった。第一回の夏まつりでは、北川カヌー遊び、ザリガニ釣りの体験を中心に、前夜祭では小学校でアニメ『となりのトトロ』の放映、当日は子ども太鼓の披露や屋台の出店もあり盛況だった。そして、市から事前の準備や当日の運営で支援を受けた。事前の設営では、市の職員が数日前からカヌー遊びのために北川に仮設の堰を設置して水を貯めて水深を深くし、ザリガニ釣り用の釣り竿のために竹を切るなど、市民と市が連携しながら対応した。三島は翌年の第二回北山わんぱく夏まつりの開催にあたり、「自然を媒介に、昔からの住民と新しい住民が接する場所として意味のあるものだと思う」(北川かっぱの会(一九九七)「かっぱ通信」15号)と述べ、一九六〇年頃までの北川流域のコモンズとは異なる新しい時代のコミュニティの形成を示唆し、市民主体での

写真8　北山わんぱく夏まつりでのカヌー遊び

里川づくりを目指していたことがうかがえる。すなわち、北川コモンズの再生を目指していたのだ。

　夏まつりは、その後も年一回開催され、最近では北川カヌー遊び（写真8参照）やザリガニ釣りの他にも、北川ウォーク（魚とり）、北川水族館（北川で捕れた魚を水槽展示）、昆虫やカエルなどのいきもの探しなどが実施され、現在も市民側と市が協働しながら毎年多くの家族連れが訪れるイベントとなっている。また、夏まつりは、今も昔も北川かっぱの会の活動目標「遊びの遺伝子を未来に引き継いでいく」ことを具現化していく自然体験支援活動の要のイベントとなっている。北川コモンズを次世代につなげ発展させていくためには、子どもたちの自然体験が欠かせない。自然体験をもっと広げていくために、二〇〇六年からは市内の小学校の「土曜子ども講座（注16）」で魚とりや昆虫採取の体験を支援する活動を続けている。また二〇一七年からは、北川かっぱの会の独自事業として「北山いきものクラブ」を春から秋にかけて開催し、小学生だけでなく幼児も含めた親子連れに魚とりや捕獲したザリガニなどに親しんでもらうイベントとして開催されている（写真9参照）。

写真９　北山いきものクラブの仲間たち

市民による調査

市民主体で実施している調査（主なもの）では、北川かっぱ会発足前の一九九四年より年一回、北川の水質調査（注17）を実施している。北川の水質は、北川流域の公共下水道の整備が進んだ一九九六年頃から改善し始め、最近ではＣＯＤ濃度で２～４ｍｇ／ｌ前後の数値（注18）で推移している。現在、北川の水質は市でも定期的に調査を行っているが、市民自らが環境の現状を把握し、北川コモンズの再生に向けた基礎資料を得て、その推移を見守る意義は大きい。

また北川かっぱの会では、定期的な北川の魚類調査を二〇〇五年以降、年一回実施するようになった。二〇〇五年と二〇〇六年の魚類調査では、外来種であるオオクチバス（注19）が多数確認され、原因を探っていったところ、北川の最上流部にある都立狭山公園の宅部池から大雨時に流下していることが分かり、公園の管理者と話し合ってオオクチバスの流出防止対策を実施してもらうことの契機となった。一方、二〇〇九年にはアユ（注20）、二〇一二年にはモクズガニが、共に東京湾から遡上してきていることを確認することができた。これらの調査は、当初は専門家の指導を受けていたものの、現在では自立的な活動として継続しているもので、市民環境科学を実践している状況にある。魚類調査についても、市民自らが環境の現状を把握し、北川コモンズの再生に向けた基礎資料を得て、その推移を見守る意義は大きい。なお現在、北川では落差工（小さなダム）の改善を行って二本目の魚道を設置する工事が進行中である。この魚道の設置も、北川コモンズの再生に向けて、市民側と市が同じテーブルについて意見交換を行いながらその設計や施工について検討されてきている。二〇二四年の魚道完成の暁には、魚道を行き来する魚類などの増加により、地域の生態系が少し豊かになるのではないかと期待される。

外来種対策

北川や北山公園にはトウキョウダルマガエルやシュレーゲルアオガエルなどの希少種が多数生息、生育しているが、これらの生物の脅威となっているのが外来種である。北川かっぱの会では、都立狭山公園内の宅部池でのオオクチバスの流出防止対策を実施してもらったことを契機に、都立狭山公園や北山公園で「かいぼり」を実施していくことを提案した。その結果、二〇一〇年に両公園の池で外来種を駆除していくための「かいぼり」を、市民と行政との協働で実施していくことにつながっていった。また、二〇一三年には北山公園で外来種のアカミミガメ（注21）が繁殖し始めているという情報があり、北川かっぱの会では公園の管理者である市と相談しながらアカミミガメの防除活動を開始した。アカミミガメの防除作業が一段落した二〇一五年からは、外来種のウシガエル（注22）やアメリカザリガニ（注23）などの防除活動も開始した（筆者の写真参照）。二〇一九年には北川かっぱの会と市が「北山公園の外来種防除に関する協定」を締結し、地道な活動が市の政策に一定にコミットし、市と役割分担しながらの外来種防除活動が続いている。外来種対策はさらに強化されて、北山公園では二〇一八年に、都立狭山公園では二〇一六年と二〇二〇年に「かいぼり」が実施されて多くの市民が参加した（写真10参照）結果、外来種の駆除や水質の浄化などばかりでなく、里川の復元や北川コモンズの再生に大きく貢献した。

さらに、二〇一八年以降には北山公園に隣接する北山小学校の総合的学習の時間で、北川かっぱの会が講師となり、北川流域の外来種の実態や問題点、改善策などについて学んでもらっている。外来種を防除していくためには、一人ひとりに地域の生態系の素晴らしさや外来種の問題点を理解してもらった上で、「外来種の問題は何か」、「飼育している外来種を川や公園に捨てるとどうなるか」などについて考えてもらうことも重要だ。市民が主体となって外来種防除を進め、地域の生態系を守っていくことが北川コモンズ再生に向けての重要なポイントと思われ、外来種の防除活動を拡大していくことが重要と思われる。一方、希少種をはじめとした在来種を守っていく活動も重要である。最近、希少種をはじめとしたカエル類や昆虫類の市民主体の調査も始まった。これらの地道な調査が、北川流域の生物多様性という資源の把握につながり、里川の復元や北川コモンズの再生に貢献していくものと思われる。

写真 10　北山公園でのかいぼり（2018 年）

北山田んぼ

二〇二〇年からは、北山公園内で市民ボランティアによる田んぼ（以下、「北山田んぼ」）での米づくりが始まった。北山田んぼは元々、小学校用の体験型の田んぼだった場所であったが、水田の日常管理を行う方々の高齢化に伴い学校田を廃止することになってしまった。これを受け、二〇一八年に北川かっぱの会や市民の有志が、学校田を市民の田んぼとしていくことを提案したこともあって、公募による市民ボランティアで管理を行っていく形に改められたものである。北山田んぼでは、ボランティアが市や指定管理者からの支援の下、種まき、荒起し、代かき、田植え（写真11参照）、草取り、稲刈り、脱穀・籾すりなどの一連の作業

写真 11　北山田んぼでの田植え作業
（写真提供 アメニス東村山市立公園グループ）

を担っている。米づくりは米の収穫ばかりではなく、八国山の雑木林をバックとした田んぼの景観の保全（写真2参照）や希少種の保護など、地域の生態系の保全にも役立つもので、将来的には稲わらを活用した文化の継承など、北川コモンズの再生に大きく貢献するものと期待される。田んぼという資源は、昔のコモンズの利用が集落の関係者に限定されていたのとは異なり、バックにある雑木林や稲わらという資源と合わせて広く市民が利用し便益を受ける資源となっていくと思われ、里川の復元や北川コモンズ再生の要となっていくことが期待される。

なお、北山公園内の水路は、公園内や公園周辺の田んぼへの水の供給の要となる施設で、これまで関係者から成る水利組合で管理を行ってきていたが、北山田んぼが始まったことにより、今後はより開かれた形の北川コモンズとしての共同管理の形に発展していくことが期待される。

以上、一例を示したが、北川流域では市民ボランティアが関係者と連携しながら新たな里川づくりを目指し、北川コモンズを形成していくための試行錯誤が続いている（図10参照）。

図10　北川のコモンズの現状

・川（川そうじ、夏まつり開催時の仮設堰の設置、魚道の設置、調査【魚類、水質など】）
・公園内の池や湿地（外来種の駆除など）
・公園内の水路（水量の管理など）
・水田（北山田んぼの維持など）

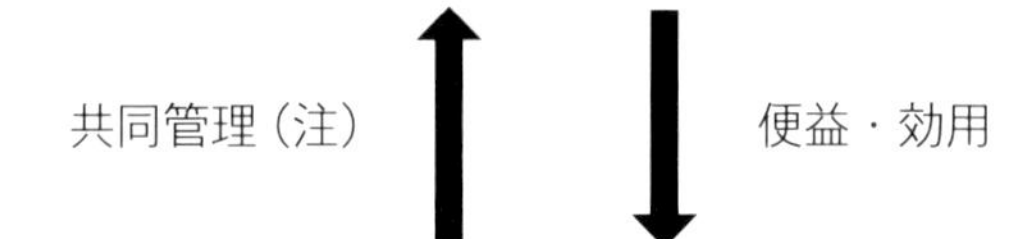

・市民活動団体や市民が協働で、または行政（指定管理者）と協働で ・水路については水利組合と行政（指定管理者）との協働で	・里川環境の維持、改善 ・地域コミュニティの活性化 ・地域文化の継承 ・夏まつりや魚とり、環境学習などによる次世代への地域づくりの継承など

（注）公園や河川施設の実際の整備や補修など、行政でないと対応できないことは行政が実施するが、これらの計画案や設計案の検討については市民活動団体や市民が行政（指定管理者）と意見交換しながら検討。

二、未来へと続く物語

これまで述べてきたように、北川流域では北川コモンズの再生に向けて様々な試行錯誤が行われてきているが、その再生という意味では道半ばの状況であり、今後も様々な人が関わりながら、時代に合った方法を模索していく必要があるだろう（図11参照）。

図 11　北川コモンズの再生の経過と未来

里川の復元

~1960 年頃	
1990 年頃~	再生計画反対運動
1995	北川かっぱの会誕生
1997	北川復元プランの検討
1998	「未来の川へ」提言
2000	川端会議での検討
2004	自然護岸の復元
2005	魚道の完成 他
2017	
2020	北山田んぼ開始
2024	2 本目の魚道完成
未来	例）残りの落差工への魚道設置、冬水田んぼ、北山田んぼの拡大など

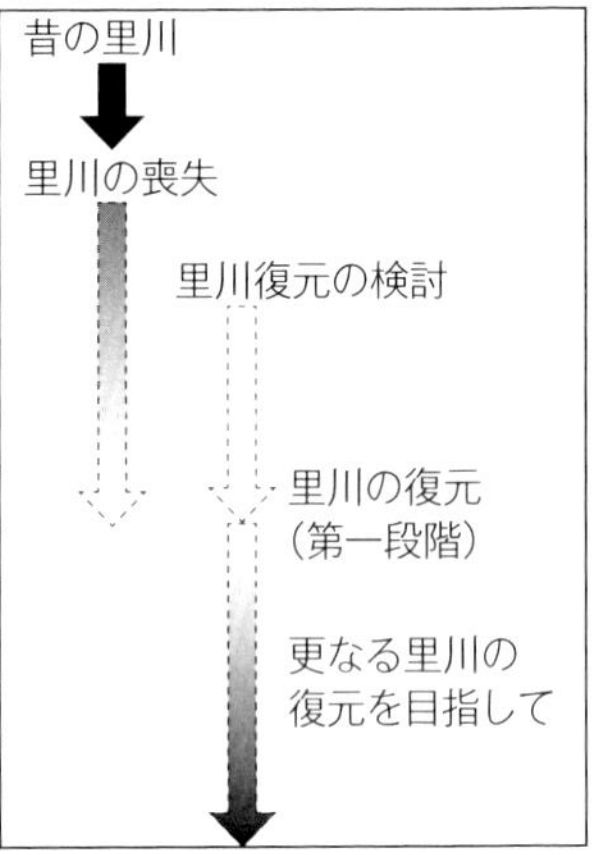

昔の里川
里川の喪失
里川復元の検討
里川の復元（第一段階）
更なる里川の復元を目指して

北川コモンズの再生

~1960 年頃	
1990 年頃~	再生計画反対運動
1994	水質調査開始
1995	北川かっぱの会誕生 北川クリーンアップ開始
1996	北山わんぱく夏まつり開始
1997	北川復元プランの検討
1998	「未来の川へ」提言
1999	定例川そうじ開始
2000	自然護岸の復元
2004	魚道の完成 他
2005	魚類調査開始 外来種対策開始
2017	北山いきものクラブ開始
2020	北山田んぼ開始
2024	2 本目の魚道完成
未来	（例）市民いきもの調査、稲わら文化の継承、流域治水など

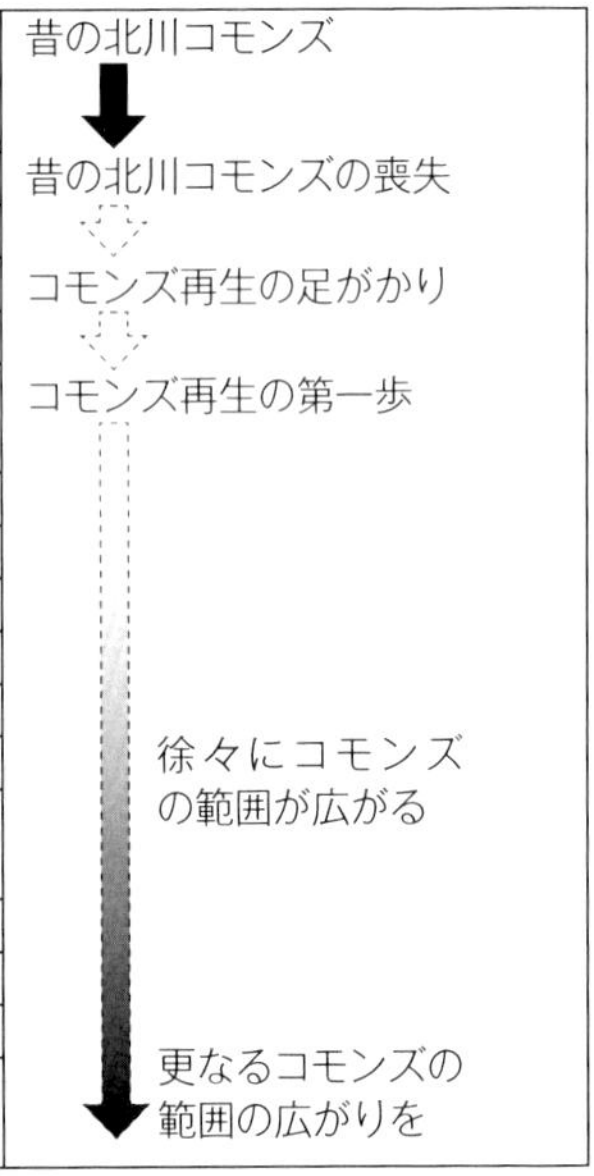

昔の北川コモンズ
昔の北川コモンズの喪失
コモンズ再生の足がかり
コモンズ再生の第一歩
徐々にコモンズの範囲が広がる
更なるコモンズの範囲の広がりを

ここで改めて北川コモンズの目標を確認したい。それは、社会化された自然思想をベースに、市民主体で里川の共同管理を行い利用し、便益を受けることを推進していくことである。具体的には、

・人が里川と豊かに接し、自由に使用し、人間性を回復する場所としていくこと
・資源の共同管理の範囲（空間的な適用、北川流域全体への規制など）を拡大していくこと
・信頼感をベースとした新たなルールやネットワークづくりを行っていくこと
・地域の仲間づくりの和を広げて地域コミュニティを再生していくこと

である。以上の点を踏まえ、北川コモンズの再生に向けた現状の到達点と将来に向けた検討の方向性(例示)をまとめた(図12参照)。以下、主なポイントについて解説していくこととしたい。

図 12　北川コモンズの再生の現状と将来に向けた検討の方向性

目標

社会化された自然思想をベースに、市民主体で里川としての北川の共同管理を行い利用していくこと。

具体的には、
・人が里川と豊かに接し、自由に利用し、人間性を回復する場所としていくこと
・資源の共同管理の範囲（空間的な適用、北川流域全体への規制など）を行っていくこと
・信頼感をベースとした新たなルールやネットワークづくりを行っていくこと
・地域の仲間づくりの和を広げて地域コミュニティを再生していくこと

再生の柱となる活動、検討のしくみ

活動の種類	現状	将来に向けた検討の方向性（例示）
川の清掃	市民活動団体や地域住民で定期的な清掃を実施	参加者の拡大、川以外の場所（公園や仲よし広場など）へ清掃活動の拡大
里川に親しむイベントの開催	わんぱく夏まつりの開催など	様々なイベントの開催（米の収穫祭、まゆ玉や十五夜などの民俗行事） 自然観察ガイドの養成など
稲作	北山田んぼでのボランティア（大人）による稲作	親子で参加できる田んぼ体験 稲わらを使った文化の継承（しめ縄や門松づくりなど）
希少種の保全、外来種の駆除	外来種の防除活動を継続	指標種の検討とその生息状況のモニタリングの実施 生物多様性地域戦略の策定
里川の定期的な調査の実施	市民による定期的な水質調査、魚道調査などの実施	市民による両生類や昆虫などの調査の拡大
魚道の設置（落差工の場所）	6箇所中1箇所完成 1箇所近く完成予定	残り4箇所の設置で東京湾からアユの遡上する川へ
流域治水	田んぼや湿地への一時的な貯水	民有地などへの雨水浸透や公共施設への雨水貯留の促進 ボランティアによる雑木林（公有地、民有地、トラスト地）の維持管理 農地の保全
関係者で協議する場の設置	北山公園や北川では川端会議を開催	流域治水や公園・仲よし広場の再構成（防災施設やコミュニティガーデンの設置など）についての協議の場の設置

川の清掃をはじめとするイベントの開催などで課題となるのが、参加者をどのように増やしていくのかという問題である。これに対しては、まず人が里川と豊かに接し、自由に利用して人間性を回復していく場としていくような工夫をしていくこと、仮に単純な作業であっても楽しさが感じられるイベントにする工夫をしていくことが重要であると思われる。また、環境関係の団体と福祉関係の団体をネットワーク化する、企業からの参加を模索するなど、これまであまりつながりのなかった分野の人との協働を模索していくことも重要であると思われる。さらに、清掃活動については川だけではなく、例えば公園や仲よし広場、雑木林などにも拡大することができる可能性があると思われる。市では二〇二二年の公園の指定管理者制度の導入に伴って、あまり利用されていない児童遊園や仲よし広場などのリニューアルの検討を開始しているが、例えばコミュニティガーデンや防災広場などへのリニューアルに併せ、これらの場所の管理を地域の住民などで行っていくことができれば、地域の仲間づくりの輪が広がって、地域コミュニティの活性化や市民同士のネットワーク化、ひいては北川コモンズの再生にも寄与するのではないかと思われ、活発な議論を期待しているところである。

稲作や里川に親しむイベントの開催関係では、米づくりについて、今は大人のみで作業しているものを、親子で体験できる田植えや稲刈り、脱穀作業に変えていくことも検討すべきと考える。また、イベントの開催では米の収穫祭やまゆ玉、十五夜などの民俗行事の再現などが考えられるのではないだろうか。将来的には、脱穀の際に発生する稲わらを活用したしめ縄や門松づくりなどの体験講座の開催も検討の価値があると思われる。これらの開催は、次世代への文化の継承、ひいては北川コモンズの再生にも大いに寄与するのではないかと思われる。

希少種の保全や定期的な調査の実施関係では、動植物資源の持続的な利用を可能としていくためのモニタリング調査を拡大していくことが課題であり、特に指標種（注24）の検討と指標種の生息状況のモニタリングがポイントになると思われる。北山公園では、トウキョウダルマガエルやオオアブノメなどの希少種が多数生息、生育しているが、これらの希少種がどこにどの程度生息、生育しているのかが十分には把握されていない現状にある。まず、何を指標種として定め、定めた指標種を定期的にモニタリングし、その結果を基に北川流域の保全策を検討していく流れをつくっていくことが必須と思われる。モニタリングについて、現在、北川の魚類については市民が実施しているものの、両生類や昆虫、鳥類も含めて市民主体で里川を総合的にモニタリングしていく必要があるのではないだろうか。そして、これらを実現していくためにも新たなルールとしての生物多様性地域戦略（注25）の策定が必要であると考える。

次に、これまでは十分に対応しきれてなかった流域の視点から考えていくことも重要である。北川コモンズの再生を目指していくにあたっては、岸由二の唱える「流域思考」をベースに、地域の自然の保全や災害対策などを検討していくことも重要である。流域思考とは、雨水が川に集まるまでの大地と川の範囲を流域と考え、その地形や生態系を基に自然と共存する暮らしを考える思想である（岸由二（二〇二一）『生きのびるための流域思考』ちくまプリマー新書三七八 15ページ）。流域とは、行政単位で考えるのではなく、また行政の縦割り思考を排した上で、地域を総合的にとらえる見方をベースとしている。二〇二〇年に国が提唱した「流域治水（注26）」も流域思考の考え方をベースにしている。流域治水が提唱された背景として、地球温暖化に伴う集中豪雨の頻度と規模が大きくなってきていること、都市化に伴い地域の保水力が低下してきていることなどが挙げられる。これまでの治水対策だけでは隘水が避けられないことから、水があふれることを前提に、あらゆる対策を動員して被害を小さくしようとする考え方をベースにしている。北川は、荒川水系の支流の最上流部にあたるが、過去の川の氾濫事例は限定的で、集水域としての対策が中心になると思われる。具体的な対策例を考えるにあたっては、豪雨時の雨の川への流入をいかに遅くさせるのかがポイントとなるが、資源の共同管理の範囲（空間的に適用する範囲、流域の規制範囲など）を拡大していくことも検討していく必要がある。主な対策としては、一部は実施済みのものもあるが、田んぼや湿地への水の一時的な貯留、校庭など公共施設への一時的な貯留、雑木林（北川流域では、八国山緑地や狭山公園をはじめ、多摩湖緑地や薬師山緑地、トトロの森五六号地、民有地にある雑木林など）や農地の保全、民有宅地などでの雨水貯留・浸透システムのさらなる導入などが考えられる。これらの対策は、雑木林などの里山と川や水田などの里川とを流域内で一体的にとらえて考えていく必要がある。これらの対策を推進していくにあたっては、雑木林や田んぼを保全していくために市民がボランティアとして参加していくこと、民有宅地で雨水貯留・浸透システムを設置していくことについての市民の理解が必要と思われる。すなわち、これまで治水は行政が担当してきていたものを、市民も参加していく枠組みとしていくこと、すなわち市民が共同で管理しながら便益を受ける北川コモンズの再生としてとらえていくことが重要と思われる。これらの対応が実施されていくようになった時、荒川下流の氾濫対策にも少しは寄与していくものと思われる。

持続可能な地域に再生していくためには、市民活動団体や学校、自治会、川や公園などの施設の利用者、行政、企業…など、川や公園などの施設の整備や環境保全策の意思決定に直接・間接的な関係を有する者の合意形成が欠かせない。里川を復元し新たな里川づくりを目指す運動では、すでに記したとおり、川端会議の場でそれぞれの関係者では解決することのできない問題、自然護岸化や魚道整備、北山公園の施設の補修や管理、その他里川全般の問題点などについて検討が行われてきた。今後、北川コモンズの再生を図り、持続可能な北川流域としていくためには、川端会議のようなプラットフォームの場での検討の継続と、個々の課題解決のための実践を重ねていくことが重要である。すでに記した流域治水、児童遊園や仲よし広場のリニューアルの検討など、川端会議とは別立ての会議を設置することも検討していく必要があると思われる。そして、これらの会議での検討や実践にあたっては、目指すべき里川の姿（保全形態や保全方法など）を継続的に検討、実践していくこと、すなわち持続可能な形のコモンズとしてとらえ直していくことが重要である。里川の管理は順応的管理（注27）を行っていかざるを得ないが、結果としてその里川の姿（保全形態や保全方法など）は、動植物調査などのモニタリング結果を踏まえて見直ししていく必要がある。その見直しの答えは生態学などの科学で出すことはできず、順応的ガバナンス（注28）により社会が決めざるを得ない。順応的ガバナンスを円滑に実践していくためには、現場の声をガバナンスに十分に反映させ、生物多様性や持続可能性といった理念と様々な現象が現れ、隠れている現場とを双方向につなぎ、現場の声を軸にしながらもう一度その保全形態や保全方法を組み立て、実践を積み上げていくことが求められていると考えられ、世代交代を見据えた息の長い対応が必要と思われる。

以上、北川コモンズの再生に向けた検討の方向性について述べてきたが、どのような活動を行っていく上でも、参加者が「楽しい」と感じ、「北川コモンズ」の考え方に共感してもらえるような場をつくっていくことがとても重要である。

（注16）土曜子ども講座（東村山市の独自事業）は二〇〇二年に一部の小学校でスタートし、翌二〇〇三年には市内全域の小学校に広がった。開設の背景としては、総合的な学習の時間と同様に、従来の教科学習の枠が取り払われ、自然体験やボランティア活動をはじめとした社会体験などの学習を通じて問題解決型の学習が目指されていたこと、このような学習は学校の中だけでは完結せず地域社会に開かれた形で実施していく必要があったことなどが挙げられる。そして、公立小中学校などでの完全週休二日制の実施を機に、子どもたちの土曜日の受け皿が求められていたことによる。北川流域では二〇〇六年から活動の舞台となり、今日までその状況が続いている。

（注17）毎年六月第一日曜日に実施される全国水環境マップ実行委員会（委員長；小倉紀雄東京農工大学名誉教授）主催の「身近な水環境の全国一斉調査」として実施。一九八九年に多摩川、野川など一八河川・一一八地点で行われたが、その後徐々に調査地点が広がり、一九九六年には荒川水系にも広がっていった。

（注18）COD濃度とは、化学的酸素要求量のことで、数値が高いほど水が汚れていることを示す。2mg／ℓ以下でイワナやヤマメも生息することができると言われている。

（注19）北アメリカ原産の特定外来生物（海外起源の外来種で、生態系、人命・身体や農林水産業への被害を及ぼす、また、及ぼすおそれがあるものの中から政令で指定されたものをいう）。

（注20）二〇〇五年に整備された魚道の下流、北川に前川が合流する地点で捕獲。なお、この合流点から現魚道までの間に五箇所の落差工があるため、アユは魚道までは遡上することができない現状にある。

（注21）北アメリカ原産で幼体はミドリガメと呼ばれる。二〇二三年六月に条件付き特定外来生物に指定された。

（注22）北アメリカ原産の特定外来生物。食用として移入された。

（注23）北アメリカ原産でウシガエルの餌用として移入された。二〇二三年六月に条件付き特定外来生物に指定された。

（注24）指標種とは、特定の環境条件を成育に必要とする生物の種類を言い、個体数の変化や出現場所の推移などの経年変化を把握することにより、環境条件や環境汚染の程度を知る目安となる生物。

（注25）生物多様性地域戦略とは、生物多様性基本法に基づき地方公共団体が策定する、生物の多様性の保全及び持続可能な利用に関する基本的な計画のこと。狭山丘陵のある五市一町では所沢市のみが策定済み。

（注26）気候変動の影響による水災害の激甚化・頻発化などを踏まえ、堤防の整備、ダムの建設・再生など

の対策の促進に加えて、集水域（雨水が河川に流入する地域）から氾濫域（河川などの氾濫により浸水が想定される地域）にわたる流域に関わるあらゆる関係者が協働して水災害対策を行う考え方。北川流域のような集水域では、主に流域で森林や水田など雨がしみこみやすいところを守る、雨水浸透ますを設置するなど雨をしみこみやすくする、学校のグランドなどに降った雨を一時的に貯める雨水貯留施設を作るなどの対策が考えられる。

（注27）順応的管理とは、計画における未来予測の不確実性を認め、計画を継続的なモニタリング評価と検証によって随時見直しと修正を行いながら管理する方法。

（注28）環境保全や自然資源管理のための社会的しくみ、制度、価値を、その地域ごと、その時代ごとに順応的に変化させながら試行錯誤していく、変化や複雑さへの柔軟性を備えたプロセス重視の環境ガバナンスのしくみのこと（宮内泰介（二〇一七）『どうすれば環境保全はうまくいくのか』『どうすれば環境保全はうまくいくのか』新泉社）。

あとがき

狭山丘陵の里川を復元し、北川コモンズの再生を目指す活動に私自身が参加して、早いもので四半世紀が経過してしまった。この間、地域的な課題解決を目指すボランティア活動に興味を示し、体験する市民が確実に増えてきていると感じている。ボランティア活動は、仲間と一緒に体験すればとても楽しい。東村山に近い国営公園や都立公園では、多くの市民ボランティアが雑木林や田んぼの維持管理作業などに楽しみながら取り組んでいるが、北川でも北山公園の範囲を超えた北川の流域内で、新たな里川づくりを目指す活動を広げ、北川コモンズの再生につながればと思う。そのためには、越えなければならない課題も数多く出てくると思われるが、様々なコミュニティの方々と一緒に、楽しみながら乗り越えていこうと思う。その際に行動の規範となるのは、やはり廣井の提言した社会化された自然思想だと思う。社会化された自然は人間が利用するから価値があること、人間を他の生物と同視し、生態系の一員として節度ある振る舞いが必要であることという考え方が重要なのである。この考え方を忘れずに、具体的な試行錯誤を通して、北川コモンズの再生への共感者の輪を広げていくことができればと思う。

本書を出版したきっかけは、定年退職後に入学した大学院で、狭山丘陵の自然がどのような経緯を経て守られてきたのかというテーマについて研究を始めたことだった。なぜ、狭山丘陵の多くの自然が残ったのか、この自然を将来にわたって残していくためには何が必要なのか。このテーマを探求していくと、植物生態学者廣井敏男の社会化された自然思想の重要性が浮かび上がってきた。さらに、自分が関わってきた里川を復元し北川コモンズの再生を目指す活動が、狭山丘陵全体の保全史の中で、どのような位置にあるのかということが明らかになってきた。昨年出版した『狭山丘陵を守った男　フィールドサイエンティスト廣井敏男の軌跡』（けやき出版）では、狭山丘陵の里山保全運動に多大な影響のあった社会化された自然思想や里山保全の方法論について調査してまとめた。今回は、自分が四半世紀にわたり関わってきた里川を復元し北川コモンズの再生を目指す活動について、調査しまとめた。今後、新たな里川づくりを目指すことにより、また北川コモンズの再生により、新しい河童の物語が生まれるような展開を期待したい。また、水ガキ（別名通称「かっぱ」）が多く見られるような里川が再生されていくことを期待したい。

私は、日々の市民活動の中で、里川の復元や北川コモンズが形成されてきた経緯を次世代に伝えていくことも重要だと感じている。未来の里川や北川コモンズのあり方について、将来の世代が過去のいきさつも踏まえて、その時に最善と思われる方法を検討し、実行していくことが必要と感じているが、本書が、次世代が里川や北川コモンズのあり方について考える際の参考資料になればと願う。

筆者の次の目標は、先述の前著と本書を基に、狭山丘陵の保全の通史をまとめていくことである。通史については、修士論文でいったんは書き上げてはいるものの、この二冊の執筆により研究内容をより深めることができたことから、再度、執筆にチャレンジしていきたいと考えている。

本書をとりまとめるにあたっては、今回も法政大学大学院公共政策研究科小島聡教授をはじめ、多くの先生方からアドバイスをいただいた。深く感謝申し上げたい。また、狭山丘陵、特に北川流域で活躍されている市民活動団体やボランティアの多くの方々からも、たくさんの情報提供やアドバイスをいただいた。また、北川かっぱの会前代表の故三島悟氏には、晩年に私のインタビューを快く受け入れていただいた。感謝の念に堪えない。改めて心より哀悼の意を捧げたい。最後に、妻由美子へ。研究活動や本書の校正作業などで支えてくれた。本当にありがとう。

参考文献

はじめに
・田山花袋（一九〇九）『田舎教師』岩波文庫
・田山花袋（一九一七）『東京の三十年』講談社文芸文庫
・鳥越皓之・嘉田由紀子・陣内秀信・沖大幹編（二〇〇六）『里川の可能性　利水・治水・守水を共有する』新曜社
・樋口忠彦（一九九三）『日本の景観－ふるさとの原型』筑摩書房
・井出彰（一九九八）『里川を歩く』風濤社
・井上真（二〇〇一）『自然資源の共同管理制度としてのコモンズ』『コモンズの社会学』新曜社
・菅豊（二〇〇六）『川は誰のものか　人と環境の民俗学』吉川弘文館
・小磯修仁（二〇二〇）『地方の論理』岩波書店

Ⅰ章
・東村山市ふるさと歴史館（二〇一六）『下宅部遺跡展「縄文人の植物利用」』
・千葉敏朗（二〇一二）『東村山市下宅部遺跡と北川流域遺跡群』多摩のあゆみ１４６号　たましん地域文化財団
・鈴木三男・能城修一（一九九七）『縄文時代の森林植生の復元と木材資源の利用』『第四期研究』
・東村山市（二〇〇二）『東村山市史1通史編上巻』
・東大和市教育委員会（一九八九）『多摩湖の歴史　普及版』東大和市教育委員会
・宮本八恵子（二〇一九）『狭山湖　水底の村からの発信』さいたま民族文化研究所
・東村山市史編さん委員会（一九九七）『東村山市史１１資料編　現代』

・東村山市教育委員会（一九七九）『ふるさと昔語り』
・飯倉義之（二〇一〇）『ニッポンの河童の正体』新人物往来社
・中村禎里（二〇一九）『河童の日本史』ちくま学術文庫
・柳田國男（二〇一六）『遠野物語』新潮文庫　や15－1
・東大和市教育委員会（一九八二）『東大和のよもやまばなし』

Ⅱ章
・自然を守ろう！北山公園連絡会（一九九三）『北山公園「再生計画」の隠された真相』北山公園連絡会
・青木泰（一九九三）『水循環―北山公園を守る運動から』『三多摩自然環境センターNEWS』三多摩自然環境センター
・小倉紀雄（二〇〇三）『市民環境科学への招待』裳華房
・狭山丘陵の自然と文化財を守る連絡会議・狭山丘陵を市民の森にする会（一九八六）『雑木林博物館構想』狭山丘陵の自然と文化財を守る連絡会議・狭山丘陵を市民の森にする会

Ⅲ章
・関正和（一九九四）『大地の川　甦れ、日本のふるさとの川』
・高橋裕（一九八八）『都市と水』岩波新書（新赤版）34
・大熊孝（二〇二〇）『洪水と水害をとらえなおす　自然観の転換と川との共生』農文教
・大熊孝（二〇〇七）『増補　洪水と治水の河川史　水害の制圧から受容へ』平凡社
・大熊孝（二〇〇四）『技術にも自治がある』農山漁村文化協会
・藤原信（二〇〇三）『なぜダムはいらないのか』緑風出版
・篠原修（二〇一八）『河川工学者三代は川をどう見てきたのか』農文教プロダクション

・田中滋（二〇〇七）『近代化と河川環境の変貌』『里山学のすすめ』昭和堂
・百瀬俊昭（一九九四）『長良川河口堰の問題点』『巨大な愚行　長良川河口堰』風媒社
・坂本いづる・福島秀哉・中井祐（二〇一七）『思想と技術に着目した近自然河川工法及び多自然型川づくりの導入過程に関する研究』景観・デザイン研究講演集13号
・祖田亮次・柚洞一央（二〇一二）『多自然川づくりとは何だったのか?』GEO　vol7（2）
・北川かっぱの会（一九九八）『未来の川へ』北川かっぱの会
・君塚芳輝（一九九三）『多摩の水環境問題』『三多摩自然環境センターNEWS』三多摩自然環境センター

Ⅳ章
・宮永健太郎（二〇二三）『持続可能な発展の話』岩波新書（新赤版）1974
・岸由二（二〇二一）『生きのびるための流域思考』ちくまプリマー新書378
・岸由二（二〇一三）『「流域地図」の作り方　川から地球を考える』ちくまプリマー新書205
・宮内泰介（二〇一七）『どうすれば環境保全はうまくいくのか』『どうすれば環境保全はうまくいくのか』新泉社
・清水淳（二〇二三）『狭山丘陵を守った男　ファールドサイエンティスト廣井敏男の軌跡』けやき出版

地図
・日本地図センター「明治前期測量二万分の一フランス式彩色地図」524〜526
・国土地理院「二万五千分の一地形図（1943年測量）日向、仲ノ通

ホームページ関係
・東村山市議会「議事録」
https://www.city.higashimurayama.tokyo.jp/gikai/gikaijoho/kensaku/index.html
・北川かっぱの会「かっぱ通信」http://kitagawakappanokai.la.coocan.jp/

外来種捕獲用のアミの引き上げを行う筆者

清水　淳
（しみず　あつし）

1955年生まれ。狭山丘陵の東麓東村山市で育つ。現在、トトロの故郷北山公園一帯の緑の保全とその前を流れる北川の清流復活、遊びの遺伝子を未来へ継承していくことを目指す市民活動団体「北川かっぱの会」の代表。法政大学エコ地域デザイン研究センター客員研究員。

『狭山丘陵を守った男　フィールドサイエンティスト廣井敏男の軌跡』けやき出版（2023）、

「北川かっぱの会の活動のあゆみと未来に向けて」

『東村山市史研究』31号　東村山市ふるさと歴史館（2022）

などの著作がある。

狭山丘陵に河童の住む里川をつくる

北川コモンズの再生と市民の物語

2024年2月26日　第1版第1刷発行

著　　者　清　水　　淳

発 行 者　小　崎　奈 央 子
発 行 所　株式会社けやき出版
〒190-0023　東京都立川市柴崎町3-9-2
コトリンク3階
TEL 042-525-9909／FAX 042-524-7736
https://keyaki-s.co.jp
デザイン・DTP　土井由音
印　　刷　株式会社立川紙業

ISBN978-4-87751-637-6 C0040